東京安全研究所・都市の安全と環境シリーズ 1

編著
尾島俊雄
著
中嶋浩三
市川 徹
渋田 玲
堀 英祐
松本美怜

# 東京新創造

災害に強く環境にやさしい都市

早稲田大学出版部

# はじめに

　都市は構造的にスーパーストラクチャーとインフラストラクチャーに分けられます。前者は、住居やオフィス、店舗、工場、学校などの建物のことで、後者は鉄道、道路、上下水道、電気、ガス、通信などの公共公益事業です。このバランスがくずれ、後者が不足すると公害が発生し、不便な都市と呼ばれ、後者が過剰になれば、税金が高いとか、無駄の多い都市といわれます。

　その一方、両方とも過剰になると過密都市といわれ、自然環境が不足して息苦しく、非人間的な都市環境となります。

　今日の東京都心には、多分に過密で非人間的と思えるほどに人工環境で埋もれた空間が形成され、市民生活の質が問題視され始めています。それがまたヒートアイランド現象をもたらしていると考えられます。

　日本学術会議が2005年4月に「生活の質を大切にする大都市政策へのパラダイム転換について」という声明を出しました。それによれば、「成熟社会に入った我が国は、発展著しいアジア地域の大都市とは異なった課題に対処する必要がある。すなわち、持続可能な社会を構築するためには、これまでの成長時代の産業経済の発展に偏った政策から脱皮し、市街地縮減時代における大都市生活者の生活の質の確保を目標とする方向に大きく政策転換する時期に来ている。成長時代の産業経済の発展を目的とした都市施設はこれまでに相当程度充実してきたことに対し、生活の質の最大の基盤となる安全と安心の確保や、潤いのある幸せな生活の場としてのハードからソフトにわたる生活基盤の形成については、高度に発展した経済社会段階に達した我が国としては不十分な部分が多く残されている。…私たちは東京首都圏を始めとする大都市圏の再生のための都市計画主体の再構築と地域住民の積極的な参画の方向を検討するとともに、大都市圏を安全で魅力あるものにする最重要の

戦略の一つとして、水辺・緑地・風の道などを最も重要な都市インフラと位置づけ、さらに、大都市の持続可能性サスティナビリティを追求する観点からヒートアイランド現象に対する効果的な対策についての検討を行った。…生活者にとって身近な水辺と緑地を、公共の安全と福祉を増進する重要な都市インフラとして認識し、それらと公有地・民有地の違いを問わず一体のものとして保全・再生を図る仕組みをつくり、実行に移す必要がある」とあります。

　このような声明もふまえ、本書では、東京の新都市インフラストラクチャーを４つの角度から検討しました。
　東京都心の安全・安心に寄与する新しい都市インフラとして、第３章で自然環境インフラストラクチャーを特記しました。さらに、東京のスーパーストラクチャーが多様化され、しかもインフラストラクチャー負荷が過密巨大化していることについて、第１章で検討しました。
　また、阪神淡路大震災や3.11の東日本大震災の経験、さらには東京直下型地震などで予測されるスーパーストラクチャーの被害とそれに伴うインフラストラクチャーとして自立分散型プラントのあり方と必要性について第２章で検討します。
　第４章では、21世紀の国際化や、これまでの災害から学んだ知識の上に立って、市民のための災害情報インフラストラクチャーについて提言することにしました。

尾島俊雄

目次

はじめに ............................................................. 002

# 1章 東京の都市構造等による災害危険の増大と強靭化

- 1-1 東京への一極集中、人口動向、都市開発動向 ............................................. 008
- 1-2 東京の災害の脆弱性・危険度と強靭化 ............................................. 018
- 1-3 東日本大震災におけるインフラ被害の特徴と復旧状況 ............................................. 029
- 1-4 大震災から学んだこと(教訓)──インフラ強靭化 ............................................. 034

# 2章 自立分散型インフラストラクチャーの必要性

- 2-1 自立分散型インフラストラクチャーの必要性と役割 ............................................. 046
- 2-2 分散型インフラの歴史・現状・動向・展望 ............................................. 056
- 2-3 スマートエネルギーシステム ............................................. 071
- 2-4 新都市インフラネットワーク ............................................. 085

## 3章 自然環境インフラストラクチャー

- 3-1 ヒートアイランド現象 ... 104
- 3-2 ヒートアイランド対策としての「風の道」 ... 109
- 3-3 日本橋の「風の道」 ... 120
- 3-4 東京・八重洲・行幸通りの「風の道」 ... 128

## 4章 市民のための災害情報インフラストラクチャー

- 4-1 東京の災害と被害想定 ... 138
- 4-2 行政の防災対策 ... 143
- 4-3 災害情報インフラストラクチャー ... 152
- 4-4 自衛隊の災害救助 ... 158

# 1章

## 東京の都市構造等による災害危険の増大と強靭化

## 1-1　東京への一極集中、人口動向、都市開発動向

　2020年の夏季オリンピック・パラリンピックの開催地が東京に決定したことで、東京の都市構造・機能に大きな変革をもたらすインフラの整備や都市開発プロジェクトの計画・検討が進んでいます。こうしたオリンピック・パラリンピック開催にともなう経済波及効果は約19.4兆円[1]と試算され、訪日外国人の増加、宿泊施設の建設増加など直接的な需要の増加のほかにも、首都圏の都市基盤整備や民間都市開発の前倒しなど都市づくりに関わる効果についても大きな期待が寄せられています。

　しかし、一方で日本は少子高齢化社会を迎え、東京の人口も2020年をピークに減少へと転じることが予想されます（さらに増加するという説もある）。いずれにしても、これまでと同じ都市づくりを進めることには限界があります。少子高齢化時代にあっても、そこで生活する人々が幸せを実感できる魅力的な都市をつくっていくためには、将来の社会構造を見据えた新たな都市づくりを計画していかなければなりません。

　1964年の東京オリンピックでは、首都高速道路の建設をはじめ、東海道新幹線や東京モノレールの開通など国家的なインフラストラクチャー整備により、世界に向けて東京という都市の存在感をアピールすることができ、その後の本格的な高度経済成長を促す契機となりました。2020年の東京オリンピック・パラリンピックでは、少子高齢化時代に対応した安全・安心な生活の確保を進めながら、都市間競争力を備えた都市づくりとして生活環境等の高度化を図る必要があります。

### 1　人口の一極集中と高齢化

　2020年の東京オリンピック・パラリンピックによる都市づくりへの波及効果が期待される一方で、2040年には人口減少により地方都市を中心に自治体経営が成り立たなくなる「消滅可能性都市」[2]の存在が指摘されています。人口の一極集中が進み、一見「勝ち組」に見える東京ですが、急速に進む高齢化社会を踏まえた都市構造の転換が求められています。

### 人口の動向

　高度経済成長期を中心に、地方から東京への人口流入が進み、住宅不足に対応するために郊外にはベッドタウンとして多くのニュータウンが開発されました。当時、先進的な設備を備えた団地は、ちょうど新婚、子育ての時期を迎えた団塊の世代を中心に、憧れの住まいとして非常に人気がありました。現在では、子ども世代が成人となり団地を離れて独立した世帯を構成する時期を迎えており、残された高齢者の割合が高くなることで、一気に高齢化が進んでいます。

　人口と高齢化の推移を見ると、1944年には727万人いた東京の人口も、戦火を逃れるために地方へと流出し、翌年の1945年には半数以下の349万人にまで減少しています。戦後は、奇跡の復興と呼ばれた高度経済成長と第1次ベビーブームによる出生率の増加により急速に人口増加が進み、1953年には747万人と元の水準にまで回復しています。人口増加は1975年頃まで続き、その後は1995年頃まで横ばいで推移していましたが、再び増加に転じ2015年1月現在の推計値では、1,339万人となっています。将来推計では2020年に人口のピークを迎え、その後は減少の一途をたどり、2035年には1,270万人、2070年には1,000万人を下回ると予想されています（図1-1）。

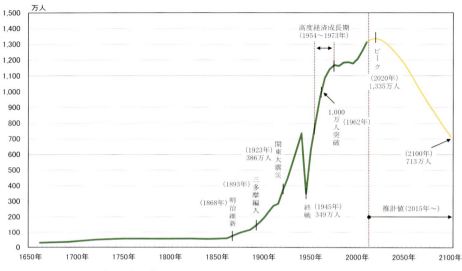

図1-1　東京の将来人口推計[3]

　長期的には人口減少が予測されている一方で、現在は都心回帰が進んでいます。その勢いは、全国47都道府県のなかでトップであり、東京への一極集中がより顕著になっています。また、23区全てで転入者が転出者を上回る社会増となっており、出生者数と死亡者数の差である自然減を上回っています。この傾向は、3大都市圏のなかでも東京だけに見られ、大阪、名古屋の人口流出入数は、ほぼ均衡していることからも東京への一極集中化は明らかです（図1-2）。その流れの原因は、中堅層の流出が止まっていることです。以前は、大学進学や就職等で東京に出てきた若者が、家族を持つ年齢になると、郊外に移り住むという構図でしたが、近年は都心に居を構える傾向が強まっているとともに、晩婚化による独身期間の長期化の影響などが考えられます。

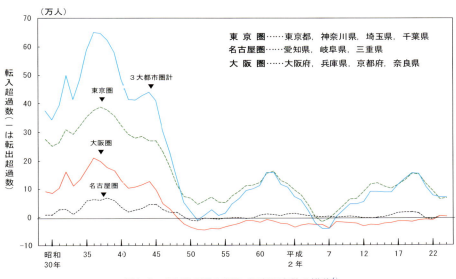

図1-2 3大都市圏の転入・転出調査数の推移[4]

## 高齢化の推移

東京の高齢者人口は年々増加し続け、2025(平成37)年には332万人（高齢化率は25.2%）、2035(平成47)年には約377万人（高齢化率は29.8%）に達すると見込まれています（図1-3）。

2010年の国勢調査の結果では、都内の一般世帯約638万世帯のうち、世帯主が65歳以上で夫婦のみ世帯が約50万世帯（総世帯に占める割合7.8%）、高齢者単独世帯が62万世帯（総世帯に占める割合9.8%）となっており、今後、高齢者単独世帯が大幅に増えると予想されています。そのため、高齢者向けの介護・医療サービスの供給不足が一段と深刻化することが懸念されています。対策の一つとして、全国的にも問題となっている、介護老人福祉施設（特養）の整備に、空き家や廃校舎、遊休地などの既存のストックを活用することなどが検討されていますが、高齢化のスピードにサービスの供給が追いついていません。

他にも、災害対策や交通問題など、東京が高齢化することによって直面する課題はたくさんあります。

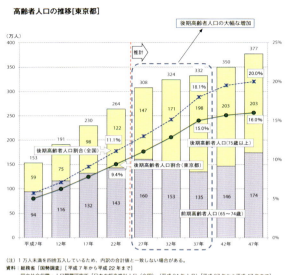

図1-3　東京都の高齢者人口の割合と高齢化率の推移[5]

## 2　都市化・高齢化と災害

　平成13年度版防災白書によると、世界全域の都市人口割合は1950年の29.7%から2000年には47.4%へと増加し、2030年には61.1%になると推計されています。都市化した人口は、災害に脆弱な地域へ集まる傾向にあり、自然災害リスクの高まりが懸念されています。日本でも都市化した地域で暮らす人の割合は増加し続けており、2000年時点で人口の約75%が都市部に居住しています。特に、高度経済成長期には都市部の人口増加が顕著であったことから、都市基盤整備が十分でない地域にも市街地が形成されたことで、災害に対しても脆弱な地域が残されています。

　また、高齢化が進む日本においては、災害時における高齢者対策の重要性が高まっています。阪神淡路大震災や東日本大震災の調査報告[6][7]によると、阪神淡路大震災での犠牲者の約44.5%が65歳以上の高齢者、東日本大震災での岩手県、宮城県、福島県の3県で収容された死亡者のうち66.1%が60歳以上の高齢者であったということからも、高齢者が災害の被害を受けやすい実態

があきらかになっています。

　気候変動による自然災害の増加、都市化による自然災害リスクの高まり、さらに高齢化による危険性の高まりなど、都市化・高齢化と災害との関連性は、ますます深刻な問題となってきています。

　首都直下地震や南海トラフ巨大地震等の切迫した危険性が懸念されており、建物倒壊や火災の延焼、ライフラインの寸断といった構造物の被害のみならず、大量の避難者や帰宅困難者の発生、さらには首都機能が麻痺することによる国家的な大規模被害が予想されています。特に、人口・資産等が集積する東京では、避難者・帰宅困難者への対策、重要業務を継続させるためのBCP（Business Continuity Plan：事業継続計画）の策定や街区規模で業務継続性が確保される安全性の高い地区であるBCD（Business Continuity District：業務継続街区）の形成を推進していくことが重要な課題として取り組まれています。

## 都市化の推移

　東京の都市化の推移を見ると、1960年に約4,000km²だったDID（Densely Inhabited District：人口集中地区）面積は、1990年頃まで急速に拡大し続け、その後は横ばいで推移し、現在では12,000km²を越えています。

　一方で、DID人口密度は1960年の約10,000人/km²から減少傾向にあり、20年後の1980年には7,000人/km²を下回るまで減少しています。その後は、2000年頃まで横ばいに推移し、2000年以降はわずかに増加傾向にあります（図1-4）。DID人口密度が大きく減少した1960年から1980年の20年間に市街地が郊外へと拡大していることがわかります。急速に進んだ市街地化のスピードに対して、都市計画、区画整理が間に合わなかった地域では無秩序な開発によるスプロール化の問題が現在でも残っています。一度スプロール化が進展したあとは、土地が細分化され、所有形態が複雑化してしまうため改善が困難になってしまいます。

　東京都の都市計画区域マスタープランでは、中央環状線の外側からJR武蔵野線に挟まれた区域を「都市環境再生ゾーン」と定め、住宅市街地の更新の機会を捉え、スプロール化によって形成された基盤が脆弱な住宅市街地の再編に取り組み、良好な住宅環境を形成していくとの目標が掲げられています。

こうした地域では、都市機能をできる限りコンパクトなエリアに集約させ、高齢者をはじめとする住民が暮らしやすい市街地の形成、いわゆるコンパクトシティを目指していますが、既存のインフラでは都市構造の転換に対応しきれないという問題もあげられます。そのため、地域特性に応じた新しい都市インフラの整備が必要です。

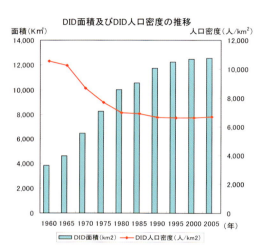

出典：「国勢調査」（総務省）をもとに作成。
注：DID（Densely Inhabited District）は、原則として人口密度が1km²当たり4,000人以上である地区などを条件として設定。

図1-4　DID面積およびDID人口密度の推移[8]

## 東京のエネルギー消費構造

　日本におけるエネルギー消費の推移を見ると、1990年代の原油価格が安定して低水準であった時期に家庭部門、業務部門を中心にエネルギー消費量が増加傾向にありました。2000年代には原油価格が高騰した影響もあり2004年にエネルギー消費のピークを迎えて以降は、減少傾向にあります。2013年度のエネルギー消費量を部門別に見ると、産業部門で44.4％、業務その他部門で18.1％、家庭部門で14.4％、運輸部門で23.1％となっています（図1-5）。
　一方で、東京都のエネルギー消費の推移を見ると、2000年度をピークに減少傾向にあり、2030年度の目標を対2000年比30％減としていますが、その達

成には、さらなる積極的かつ抜本的な推進方策が必要とされています（図1-6）。また、2012年度のエネルギー消費量の部門別内訳を見ると、産業部門が9.6％、業務他部門が35.0％、家庭部門が31.5％、運輸部門が23.7％となっており、全国のエネルギー消費構造とは大きく異なっていることがわかります。特に、業務他部門と家庭部門を合わせた民生部門のエネルギー消費量の割合が全国平均の約2倍となっておりきわめて多くなっています。

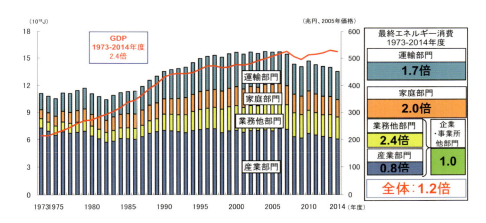

図1-5　日本の最終エネルギー消費と実質GDPの推移[9]

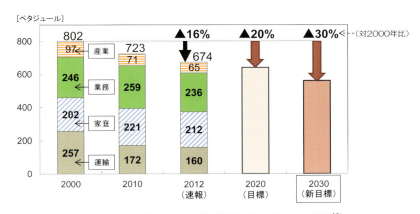

図1-6　東京都のエネルギー消費と省エネルギー目標[10]

業務他部門と家庭部門での用途別エネルギー消費割合を見ると、冷房、暖房、給湯用途へのエネルギー消費が50％を越えていることから、東京都心においては業務、商業、家庭等が集積し、民生部門のエネルギー消費量が3分の2を占め、そのうち50％以上が冷暖房、給湯用の熱エネルギーとして使用されているため、熱エネルギー消費への対策がきわめて重要といえます（図1-7、図1-8）。

　熱エネルギーのための賢いエネルギーの使い方については、2章で詳しく述べていますが、これまでの大規模・集中型のエネルギー供給システムだけでは、建物・地域のエネルギー消費構造の特性に合わせた効率的なエネルギー供給が難しいこと、また、東日本大震災等の大規模災害におけるエネルギー供給の脆弱性が顕在化したことにより、エネルギー供給のリスク分散や省エネルギー・低炭素化を図るための新たな手段として、自立分散型エネルギー供給システムの導入が推進されています。

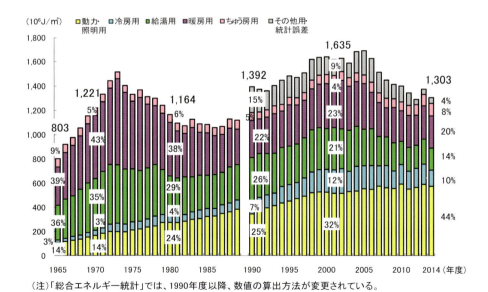

図1-7　業務他部門エネルギー消費原単位の推移[9]

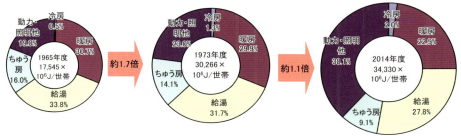

(注1)「総合エネルギー統計」では、1990年度以降、数値の算出方法が変更されている。
(注2)構成比は端数処理(四捨五入)の関係で合計が100%とならないことがある。
出典:日本エネルギー経済研究所「エネルギー・経済統計要覧」、資源エネルギー庁「総合エネルギー統計」、総務省「住民基本台帳」を基に作成

図1-8　家庭部門(世帯当たり)エネルギー消費原単位と用途別エネルギー消費の推移[9]

## 3　都市構造の転換と国際競争力の強化

　以上述べてきたように、人口の一極集中化が進む東京は、これから急速な高齢化社会を迎え、また、巨大に拡大した都市の内部では切迫する巨大地震災害に対して脆弱な地域を抱えています。しかしながら、今後もさらなる発展を遂げ、引き続き経済成長を牽引する大都市として国際競争力強化を図るためには、こうした問題を克服し、安全で安心な都市の構築を目指していかなければなりません。

　国土強靭化基本計画（2014年6月3日閣議決定）および国土強靭化アクションプランにおいても、災害に強いインフラ整備があげられています。1964年の東京オリピック前後の高度成長期に集中的に整備されたインフラが約50年の歳月を経て老朽化を迎えつつあるなかで、2020年の東京オリンピック・パラリンピック開催は、その後の50年の都市の成長を支える新しい時代のインフラ整備の機会としなければなりません。50年先の東京が、引き続き国際競争力を持った都市であり続けられるためにも、時代の変化に合わせて都市構造の転換を推進し、都市の活動を支える新しい都市インフラの整備も進めていく必要があります。

## 1-2　東京の災害の脆弱性・危険度と強靭化

### 1　東京の災害による脆弱性と強靭化の必要性

　一極集中している東京は、大規模自然災害等に対してきわめて脆弱です。わが国の業務、商業や行政等の首都中枢機能が集積している東京は、首都直下型地震や集中豪雨等の大規模自然災害が起これば、国内のみならず世界に大きな影響を及ぼすことが危惧されています。

　東京の都市構造は、ますます高密度化、複雑化し、とりわけ、駅周辺部を中心とした地上・地下空間は、高層化、複合化し、錯綜して都市開発が行われています。そのため、エネルギー消費は増大し、エネルギー・水・情報等の重要性が増しています。居住・業務機能維持のためには、都市基盤施設の自立性、抗堪性等高度化が不可欠で、都市インフラは、安全・安心で業務継続できるための役割がきわめて重要となっています。しかしながら、高層・高密度化にともなうエネルギー消費量の増加等へ対応する都市インフラの整備は遅れています。さらに、東京の災害危険度の増大に対して、都市インフラはきわめて脆弱で、東日本大震災からの教訓を踏まえ、都市インフラによる強靭化は、防災・減災や災害時の復旧・復興のために、新たな視点からの見直しが必要となっています。

　災害とは、災害対策基本法第2条第1項で「暴風、竜巻、豪雨、豪雪、洪水、崖崩れ、土石流、高潮、地震、津波、噴火、地滑りその他の異常な自然現象又は大規模な火事若しくは爆発その他その及ぼす被害の程度においてこれらに類する政令で定める原因により生ずる被害」(2015年9月改正)と定義されています。自然災害と爆発・石油流出等の人為的災害も含んでいます。表1-1に、災害の分類と災害事象を例示します。

表1-1 災害の分類と災害事象

| 災害大分類 | | 災害事象 | 災害事例 |
|---|---|---|---|
| I 自然災害 | ①気象災害 | 雨、台風：大雨、集中豪雨、洪水、土砂災害 | ex 地下街等浸水、荒川決壊、 |
| | | 風：風、暴風雨、竜巻、高潮、波浪 | ex 集中豪雨による河川氾濫 |
| | | 雷：落雷、森林火災 | ex 地区、地域レベルの停電 |
| | | 雪：豪雪、雪崩、吹雪 | ex 鉄道、幹線道路不通 |
| | | その他の気候：冷夏、寒波、干ばつ | |
| | ②地震 | 地盤振動（倒壊、揺れ、長周期）地震火災 | ex 直下型地震による倒壊<br>ex 木造密集地区大規模火災 |
| | | 液状化、噴流、斜面・がけ崩れ、地すべり | ex 東京湾臨海部液状化 |
| | | 津波、浸水 | ex 江東地区低地浸水 |
| | ③火山噴火 | 降灰、噴石、火山ガス、山体崩壊、津波、溶岩流、火砕流、泥流 | ex 富士山噴火、降灰 |
| II 人為的災害 | | 大火災、爆発事故、石油流出、空・海難・列車等大規模事故、原発、テロ災害等 | ex 臨海部石油コンビナート火災 |

　東京は、過去にM7～8クラスの「元禄関東地震」(M8.5)、「大正関東地震」(M8.2) 等の首都直下型地震が複数回発生しています。また、地震による津波も東京湾内で3m程度発生しています。その際、過酷事象として堤防、水門等が機能しない場合、ゼロメートル地帯の広域が浸水します。また、近年増加している集中豪雨等による地下街、地下鉄の浸水や荒川決壊も想定されています。東京は、富士山噴火等を含むこうした大規模自然災害の危険性に、常に備えなければなりません。

　国は、「強くしなやかな国民生活の実現を図るための防災・減災等に資する国土強靱化基本法」で「国土強靱化の推進を図る上で必要な事項を明らかにするため、脆弱性評価の指針を定め、これに従って脆弱性評価を行い、その結果に基づき、国土強靱化基本計画の案を作成しなければならない。」(同法第17条第1項) と定め、2014年6月に「国土強靱化基本計画」を策定しました。

　これを受けて、東京都では、同年11月10日に東京の脆弱性評価を適切に実施するうえで必要な事項を定めた「大規模自然災害に対する脆弱性の評価の指針」を決定し、「東京都国土強靱化地域計画」を策定しました。その計画では、首都直下地震、南海トラフ地震等の発生の切迫性や地球規模での気候変

動にともなう台風の巨大化や集中豪雨の増加傾向など、広域な範囲に甚大な被害をもたらす大規模自然災害によるリスクを想定し、東京の脆弱性を警告しています。

　この地域計画を進めるうえで、「①人命の保護、②首都機能の維持、③公共施設等の被害の最小化、④迅速な復旧・復興」の4つの基本目標を定め、達成すべき8つの推進目標を設定しています。たとえば、目標6では、「大規模自然災害発生後であっても、生活・経済活動に必要最低限の電気、ガス、上下水道、燃料、交通ネットワーク等を確保するとともに、これらの早期復旧を図る」として、ライフライン施設の多重化・複線化や耐震化等災害対応を強化するとし、コージェネレーション等の自立分散型エネルギーの利用拡大などを挙げています。

## 2　東京の災害時地域危険度と都市国際競争力

　東日本大震災を受けて「中央防災会議」は、大規模地震である「海溝型地震、首都直下地震、東海地震、東南海・南海地震、中部・近畿圏地震」等を対象として、地震・津波災害対策の見直しを行いました。2013年に政府は、「首都直下地震」発生の切迫性が高く、南関東で発生するＭ7程度で、30年以内の地震発生確率は70％程度と発表しました。2013年11月には「首都直下地震対策特別措置法」が成立し、2014年3月に「首都直下地震緊急対策基本計画」が策定されました。

　東京都は「東京都震災対策条例」に基づき2013年に地域危険度測定調査を行い、都内の市街地化区域の5,133町丁目について、各地域における地震に関する危険性を、次の危険度について測定しました。

- **建物倒壊危険度**（建物倒壊の危険性）
- **火災危険度**（火災の発生による延焼の危険性）
- **総合危険度**（建物倒壊や延焼の危険性）
- **災害時活動困難度を考慮した危険度**（避難や消火・救助等の困難さを考慮した危険性）

こうしたそれぞれの危険度について、町丁目ごとの危険性の度合いを5つのランクに分けて、相対的に評価し、図1-9のようにその災害時の地域危険度を示しました。

　災害危険度の高い地域は、足立区南部、荒川区、台東区東部、葛飾区西部、墨田区、江東区北部に広がっており、特に、木造建物が密集する地域で、3つの中心部があり、荒川および隅田川沿いの下町地域一帯に分布しています。こうした危険度を有する東京が、大規模地震により被災した場合、わが国のみならず、世界へ多大な影響を与えます。

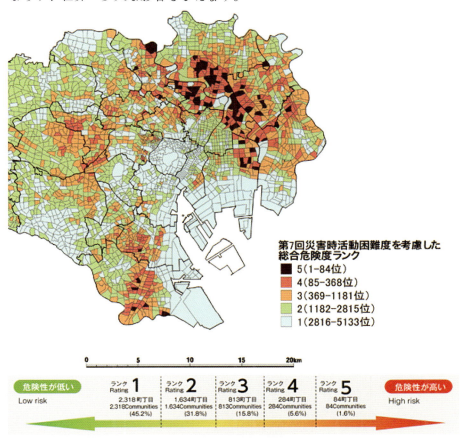

図1-9　東京の総合危険度[11]

1章　東京の都市構造等による災害危険の増大と強靭化

2002年の「世界大都市の自然災害リスク指数」（ミュンヘン再保険会社）（図1-10）並びに2012年の「自然災害リスクの高い都市ランキング」（スイス再保険会社）では、東京が世界でもっとも自然災害リスクの高い都市として評価されています。この評価はあくまでも保険会社としての被害額算定の考え方を元にしたもので、地理的条件や都市の規模なども評価指標に含まれており、地震発生確率が高く、世界最大の人口が集積する東京圏では、どうしてもリスク評価が高くならざるをえません。また、森記念財団「世界の総合力ランキング2014」の「都市の脆弱性評価」では、災害に対する脆弱性が13位であり、総合ランキングと比較すると劣位にあります。しかしながら、ニューヨークやパリよりも良く、ロンドンやシンガポールと並ぶ評価になっています。また、一方で、2015年の「世界の安全な都市指数」（英国経済誌エコノミスト）を見ると、治安、インフラ、デジタル化、暮らしやすさ、健康等の40以上の評価対象項目での総合評価で、東京は最も安全な都市として第1位に評価されています。依然として、木造住宅密集地域の改善や避難場所の確保といった問題は残されていますが、1981年の建築基準法耐震基準の見直しや防災都市づくりの推進など、これまでの取り組みの成果の現れだといえます。

図1-10　東京の自然災害危険度指数[12)]

このように評価項目によりランキングは大きく変わっていますが、切迫する大規模地震の発生リスク、木造住宅密集地域の大規模延焼火災リスクなど取り組まなければならない課題は多く残されています。一刻も早く、安全なまちづくりの実現に向けた取り組みを推進していかなければなりません。そして今後、東京の国際競争力をさらに高めるためには、災害への脆弱性を取り除くためのインフラの強靭化が重要です。

## 3　首都直下型地震とインフラ被害と対策

　首都直下型地震は、切迫性が高く、首都機能を直撃する深刻な災害です。2014年4月に、地震調査研究本部・地震調査委員会が発表した長期評価では、首都圏の150km×150kmの範囲内で発生する首都直下型地震で、「フィリピン海プレートの沈み込みに伴うM7クラスの地震」が「今後30年以内に発生する地震の確率は約70％」と発表されました。他の大規模自然災害に比して、被害もきわめて大きく広範囲となります。内閣府の中央防災会議は、2013年12月に首都圏で発生する可能性のある19の地震を仮定して、首都直下地震の新しい被害想定を公表[13]しました。そのなかで、首都圏に最も大きな被害をもたらすとされたのは「都心南部直下地震」(M7.3)です。都心南部地震は、1都8県での被害で、死者1.6～2.3万人、避難者720万人、帰宅困難者49万人、全壊・焼失の建物被害は61万棟、被害額約95.3兆円と想定されています。図1-11は、先の首都直下で想定される19ケースの地震分布を重ね合わせた図です。いずれの場所でも震度6弱以上を示しており、広範囲で地震に備える必要があります。

　2013年12月、中央防災会議の「首都直下型地震対策検討ワーキンググループ」において「首都直下地震の被害想定と対策について」の最終報告がされました。下記に、インフラ被害の想定、復旧の推移と対策並びに東京都の対策を示します[13) 14) 15) 16) 17)]。

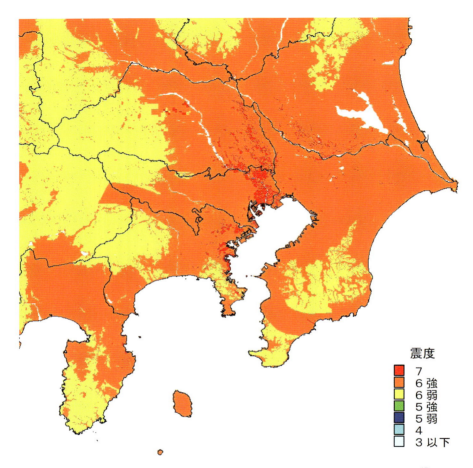

図1-11 首都直下で想定される様々な地震による震度分布を重ねた震度分布[17]

## ①電力

| 被災直後の被害 | 最大約1,220万軒（全体の50%）が停電。 |
|---|---|
| 復旧の推移 | 供給側設備の被災に起因して、広域的に停電が発生。<br>主因となる供給側の設備復旧に、1ヶ月程度。<br><br>供給能力と夏場のピーク電力需要に対する割合<br><br>|  | 供給能力（万kW） | 断水率（%） |<br>|---|---|---|<br>| 被災直後 | 約2,700 | 51 |<br>| 被災1週間後 | 約2,800 | 52 |<br>| 被災1ヶ月後 | 約5,000 | 94 | |
| 内閣府：<br>首都直下型地震対策基本計画における対策（抜粋） | 電力のライフライン事業者は、首都中枢機関への供給に関わるライフラインの多重化と施設の耐震化や液状化対策等を進める。この際、道路管理者は、ライフライン事業者と共同して、共同溝や電線共同溝の整備を推進する。また、災害発生時に首都中枢機関への供給に関わるライフライン施設が万が一被災した場合には、優先的に復旧する。 |
| 東京都：<br>脆弱性評価における復旧対策（抜粋） | ● エネルギー供給の多様化を図るため、災害時のみならず、通常時においても活用できる高効率なコージェネレーションシステムや自家発電機による電力確保など、自立分散型エネルギーの利用拡大に取り組む必要がある。<br>● 特にオフィス街区では、災害時の地域の自立性向上につなげるため、大規模なコージェネレーションシステムで生み出した熱や電気を建物間や街区で融通するなどの取組を進める必要がある。<br>● 自然災害に対する電気設備の耐性を確保するため、耐性評価等に基づき必要に応じて発変電所・送電線網や電力システムの災害対応力強化及び復旧迅速化を図る必要がある。<br>● 業務用コージェネレーションシステム設備容量の目標値は約50%。 |

## ②上水

| 被災直後の被害 | 最大で約1,440万人（全体の約30%）が断水。 |
|---|---|
| 復旧の推移 | 発災約1ヶ月後には、ほとんどの断水の状況解消。<br><br>断水人口・断水率<br><br>|  | 断水人口（人） | 断水率（%） |<br>|---|---|---|<br>| 被災直後 | 約1,444,000 | 31 |<br>| 被災1日後 | 約13,545,000 | 29 |<br>| 被災1週間後 | 約8,516,000 | 18 |<br>| 被災1ヶ月後 | 約1,402,000 | 3 |<br>| 給水人口（人） | 約46,562,000 | | |

| | |
|---|---|
| 内閣府：<br>首都直下型地震対策<br>基本計画における<br>対策（抜粋） | 上水道のライフライン事業者は、首都中枢機関への供給に関わるライフラインの多重化と施設の耐震化や液状化対策等を進める。この際、道路管理者は、ライフライン事業者と共同して、共同溝や電線共同溝の整備を推進する。また、災害発生時に首都中枢機関への供給に関わるライフライン施設が万が一被災した場合には、優先的に復旧する。 |
| 東京都：<br>脆弱性評価における<br>復旧対策（抜粋） | ● 災害時における水道施設の被害を最小限にとどめ、給水を可能な限り確保するためには、水源から給水に至る水道システム全体の耐震化と導送水管の二重化・ネットワーク化などバックアップ機能の強化に取り組む必要がある。<br>● 東日本大震災の計画停電の影響により、多摩地区では約26万件に及ぶ断水・濁水が発生した。切迫性が指摘されている首都直下地震等においても電力供給が途絶する可能性がある。水道事業の継続には、浄水場や給水所等への自家用発電設備の整備を進め、電力事情に左右されないように電力の自立化を図り、電力を安定的に確保していく必要がある。 |

## ③下水道

| | | | |
|---|---|---|---|
| 被災直後の被害 | 最大で約150万人（全体の数％程度）が利用困難。 | | |
| 復旧の推移 | 発災約1ヶ月後には、ほとんどの地域で利用支障が解消。<br><br>断水人口・断水率 | | |
| | | 支障人口（人） | 機能支障率（％） |
| | 被災直後 | 約1,499,000 | 4 |
| | 被災1日後 | 約1,499,000 | 4 |
| | 被災1週間後 | 約1,199,000 | 3 |
| | 被災1ヶ月後 | 約50,000 | ― |
| | 処理人口（人） | 約38,580,000 | |
| 内閣府：<br>首都直下型地震対策<br>基本計画における<br>対策（抜粋） | 下水道は、首都中枢機関における災害応急対応等に重要な役割を果たすものであり、引き続き、耐震化や液状化対策等を推進する。発災時には、他のライフラインの復旧作業との関係等により、復旧に1ヶ月以上を要する場合も想定されるが、できるだけ早期の復旧を目指す。 | | |
| 東京都：<br>脆弱性評価における<br>復旧対策（抜粋） | ● 災害時におけるトイレ機能を確保するため、避難所などについては、施設から排水を受け入れる下水道管とマンホールの接続部の耐震化が完了した（2,633箇所(H25)）が、災害時に多くの帰宅困難者が発生しトイレ機能の需要が見込まれるターミナル駅や、災害復旧に使用する区の庁舎等の災害復旧拠点などの施設においても、耐震化を進めていく必要がある。<br>● 下水道施設に対する非常用発電設備の整備として74施設(H25)で実施したが、大規模停電時や計画停電により電力が不足した場合においても下水道機能を維持するためには、すべての施設に非常用発電設備の整備を進めていく必要がある。 | | |

| 東京都：<br>脆弱性評価における<br>復旧対策（抜粋） | ● 災害等に伴う下水道施設被害による社会的影響を最小限に抑制し、速やかな復旧を可能にするため、下水道BCP策定などのソフト対策の充実を図り、ハード対策とソフト対策が一体となった耐震・対津波対策を推進する必要がある。 |
|---|---|

## ④都市ガス（低圧ガス）

| 被災直後の被害 | 供給停止戸数は、最大で約159万戸と想定。 |
|---|---|
| 復旧の推移 | 安全措置のために停止したエリアの安全点検やガス導管等の復旧により供給停止が徐々に解消され。供給停止が多い地域においても約6週間で供給支障が解消される。<br><br>供給停止戸数・支障率<br><br>|  | 供給停止数（戸） | 支障率（%） |<br>|---|---|---|<br>| 被災直後 | 約1,587,000 | 17 |<br>| 被災1日後 | 約1,505,000 | 16 |<br>| 被災1週間後 | 約1,257,000 | 13 |<br>| 被災1ヶ月後 | 約485,000 | 5 |<br>| 対象需要家数※（戸） | 約9,390,000 ||<br><br>＊需要家数から全焼・焼失・半壊家屋を除外戸数 |
| 内閣府：<br>首都直下型地震対策<br>基本計画における<br>対策（抜粋） | ガスは、首都中枢機関における災害応急対応等に重要な役割を果たすものであり、引き続き、耐震化や液状化対策等を推進する。発災時には、他のライフラインの復旧作業との関係等により、復旧に1ヶ月以上を要する場合も想定されるが、できるだけ早期の復旧を目指す。 |

## ⑤通信

| 被災直後の被害 | ● 固定電話は、最大で約470万回線（全体の5割）での通話支障が想定される。<br>● 携帯電話は、基地局の非常用電源による電力供給が停止する1日後に停波基地局率が最大となる。なお、被災直後は輻輳により大部分の通話が困難となる。<br>● インターネットへの接続は、固定電話回線の被災や基地局の停波の影響により利用できないエリアが発生する。 |
|---|---|
| 復旧の推移 | ● 固定電話は、発災直後に需要家側の固定電話端末の停電等の理由から広域的に通話ができなくなる。停電の解消に約1ヶ月程度を要するので、固定電話の復旧にも約1ヶ月程度を要する。<br>● 携帯電話においても、基地局の停電の影響を受け、復旧に約1ヶ月程度を要する。 |

| | | | |
|---|---|---|---|
| 復旧の推移 | 固定電話（不通回線数・不通回線率） | | |

固定電話（不通回線数・不通回線率）

| | 不通回線数（回線） | 不通回線率（％） |
|---|---|---|
| 被災直後 | 約4,687,000 | 48 |
| 被災1日後 | 約4,653,000 | 48 |
| 被災1ヶ月後 | 約919,000 | 9 |
| 回線数（回線） | 約9,683,000 | |

※被災1週間後は、停電の影響を受けることから、想定は困難

携帯電話（停波基地局率・不通ランク）

| | 不通回線数（回線） | 不通回線率（％） |
|---|---|---|
| 被災直後 | 4% | ― |
| 被災1日後 | 46% | B |
| 被災1ヶ月後 | 9% | ― |

※被災1週間後は、停電の影響を受けることから、想定は困難

〈携帯電話の不通ランク〉
ランクA：停電による停波基地局率と固定電話不通回線率の少なくとも一方が50％を超える。
ランクB：停電による停波基地局率と固定電話不通回線率の少なくとも一方が40％を超える。
ランクC：停電による停波基地局率と固定電話不通回線率の少なくとも一方が30％を超える。
―：上記ランクA、B、Cのいずれにも該当しない。

| | |
|---|---|
| 内閣府：<br>首都直下型地震対策基本計画における対策（抜粋） | 電気通信事業者は、首都中枢機関に関わる情報インフラ拠点施設として、電話局、電話線、サーバ等の耐震化、多重化を図る。また、停電に備えた非常用電源設備を整備するとともに、これに必要な燃料の備蓄を行う。災害発生時には、首都中枢機関の利用する情報通信インフラ施設が万が一被災した場合には、優先的に復旧する。 |
| 東京都：<br>脆弱性評価における復旧対策（抜粋） | ● 国は、電気通信設備の損壊又は故障等にかかる技術基準について、災害による被災状況等（通信途絶、停電等）を踏まえ適宜見直し、適合性の自己確認を実施する。<br>● 情報通信の停止による応急対策への支障、被災者の混乱等をなるべく最小限に抑えるため、通信事業者は、電気通信設備を設置するビルの耐震化や自家用発電機等を配備する。<br>● 携帯電話の通信確保に備え、基地局の無停電対策や、移動・可搬型基地局の整備などを実施し、被災者の通信の復旧に差が出ることがないよう対策を推進していく。<br>● 都立施設をはじめ防災関係機関の拠点となる施設において、情報通信手段の多様化や停電時の非常用電源を確保する。 |

## 1-3　東日本大震災におけるインフラ被害の特徴と復旧状況

### 1　インフラ被害の概況と特徴

　東日本大震災は、2011年3月11日午後2時46分に、マグニチュード9.0、震源域の長さ450kmの巨大地震が発生し、福島第一原子力発電所の被害と事故が重なった「複合災害」です。そのため、インフラ施設も大きく被災しました。インフラ被害の主な特徴として、①広域で甚大な複合被害、②津波による被害、③液状化による被害、④原発事故による影響、⑤電力、ガス、石油等エネルギー逼迫、⑥首都圏の混乱などがあげられ、その主な被害の概況と特徴は、次の通りです。

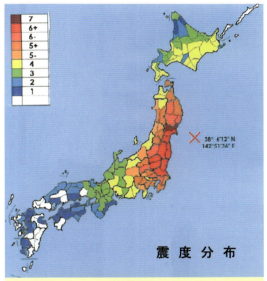

図1-12　東北地方太平洋沖地震と震度分布

### 広域で甚大な複合的災害によるインフラ被害

　東北地方太平洋沖地震は、わが国有史以来の最大規模で、長さ約450km、幅200kmの震源域で、東北3県を中心に震度5強以上の地域が青森から関東地方にまで及びました（図1-12）。同時に、北海道から神奈川県にわたり、太平洋沿岸中心に発生した巨大津波により港湾施設、堤防の多くが被災しました。こうした地震・津波により、インフラも広域で甚大な被害を受けました。同時に「災害廃棄物（がれき）」は約2,200万トン発生し、復興への障害となりました。

　加えて福島第一原子力発電所の被害と事故は、住民避難や放射能汚染の深刻な社会問題を引き起こすと同時に、原発の再稼働を含めて、我が国のエネルギー基本計画の抜本的見直しを迫り、直接間接を含めてインフラの現状に大きな影響を及ぼしています。

### 津波によるインフラ被害

　太平洋沿いの広い地域への巨大津波により、沿岸部の市町村の家屋が流出し、膨大ながれきが生じました。この津波は、インフラへ次の被害を及ぼしました。

- 沿岸部のほとんどの下水道処理施設、沿岸部に沿った道路、在来線が被災
- 津波防波堤、防潮堤などの壊滅的破壊
- 港湾施設や漁業水産施設の大規模で深刻な被害
- 気仙沼市では、津波被害により製油所からの石油流出により火災が発生
- 津波遡上による河川堤防崩壊や橋梁桁の転落
- 福島第一原子力は発電所の原子炉建屋等の被災

　津波による甚大な被害により、がれき処理をはじめインフラの復旧の進捗に影響しました。

### 液状化によるインフラ被害

　東日本大震災の特徴に、仙台地域や茨城、千葉ならびに浦安市をはじめ東京湾岸地域にわたり、地盤の液状化が広域に発生したことがあげられます。比較的長い周期成分の振幅が減衰しにくいため、埋め立て地や沖積層低地に液状化が現出しました。道路、上下水道、ガス管等の管路施設に代表されるラ

イフラインに多くの被災がみられ、その復旧には長期間を要しました。

## 福島第一原子力発電所の事故による影響と電力供給

　原子力発電所の事故により、電力供給不足の危機を避けるため計画停電や電力使用制限令が発令され、各種インフラ施設でも、電力削減等の対策に追われました。また、放射性物質の拡散により、土壌汚染、水道水への影響や浄水場や下水処理場の処理汚泥ならびに清掃工場等での焼却灰処理等に含まれる放射性汚染物質の処理対策に追われました。

　なお、2012年5月5日に、北海道泊原発3号機が発電停止し定期検査に入り、国内の原発50基が全て停止しました。その後、2015年に鹿児島県の川内原発が再稼働しました。今後再稼働をめぐる動向が注目されています。

## 燃料不足による影響

　東日本大震災の大きな特徴の一つとして、インフラ被害もさることながら、燃料不足により輸送トラックや乗用車が動けないというきわめて深刻な事態が生じました。そのため、緊急物資が被災地へ届かない、救援者の移動や被災者の移動が制約されるなどの問題が発生しました。燃料不足の原因は、製油所の被災や輸送ルートの途絶等により燃料の製造と輸送ができず、そのためガソリンスタンドの貯蔵燃料がなくなったことによります。また、同時に、東北地方の気候から、暖房が必要など燃料需要が高く、需給バランスが著しく崩れたことにあります。

　製油所の被災によるガソリン、軽油、灯油等の供給製造の遅れと被災エリアが東日本の太平洋沿岸全域と広域化していたため、供給ルート確保に時間を要しました。

## 2　インフラの復旧状況と復旧過程
### 主なインフラの被害と復旧状況

　電力の停止は450万戸、都市ガスは42万戸、水道は221万戸、電話は151万戸で、阪神淡路大震災と比較して、きわめて甚大でした。インフラの復旧過程を図1-13、表1-2に示します。復旧までに、電力、通信は7日間を要しました。

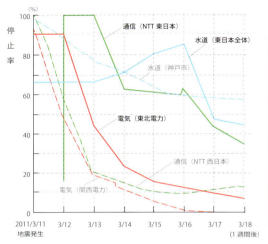

表1-2　電気、水道の発生後1週間の復旧状況

|  | 電気 | 水道 |
|---|---|---|
| 停止数（全体） | 486（万戸） | 211（万戸） |
| 3月11日 | 440 | 140 |
| 3月12日 | 215 | 140 |
| 3月13日 | 114 | 140 |
| 3月14日 | 76 | 150 |
| 3月15日 | 61 | 170 |
| 3月16日 | 47 | 180 |
| 3月17日 | 34 | 100 |
| 3月18日 | 28 | 94 |

図1-13　東日本大震災と阪神淡路大震災におけるライフライン復旧過程（7日間状況）

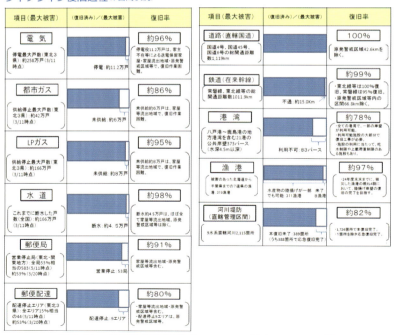

図1-14　東日本大震災1年後のインフラ被害と復旧状況[18]

また、2011年から1年後の2012年5月21日までのインフラの復旧・復興状況を、図1-14に示します。ほぼインフラは復旧されていますが、一部、沿岸部や原発被災地は、津波による地域の喪失等による影響で、復旧は難しい状況にあります。

## 東日本大震災と阪神淡路大震災とのインフラ被害と復旧過程の比較

　インフラの復旧は、電力が最も早く、次いで電話、水道、ガスの順となりました。阪神淡路大震災に比べると、表1-3に示すように電力が広域のためにやや遅れましたが、水道、電話はほぼ同じ日数です。復旧曲線を図1-15に示します。電力は10日、都市ガスは46日、水道は40日、通信は15日で、阪神淡路大震災の経験が生かされて対応がなされました。しかしながら、原子力発電所の被災により、とりわけ首都圏では、電力が逼迫し、現在でも供給が不透明な状況が継続しています。また、中央防災会議で、本震災を受けて検討された東海、東南海、南海、首都直下型の巨大地震、津波想定等から、災害対策の見直しが迫られることとなりました。

表1-3　阪神淡路大震災と東日本大震災のインフラ被害と復旧状況の比較

| インフラ | 東日本大震災 | | 阪神淡路大震災（兵庫県発表） | | 備考 |
|---|---|---|---|---|---|
| | 被災数 | 復旧日数 | 被災数 | 復旧日数 | |
| 電力<br>(停電) | 450万戸 | 10日目 | 260万戸 | 7日目 | 約15万戸<br>津波流出壊等 |
| ガス<br>(停止) | 約42万戸 | 54日目 | 84.5万戸 | 85日目 | 約6万戸<br>津波流出倒壊 |
| 水道<br>(断水) | 約221万戸 | 約40日目 | 127万戸 | 43日目<br>(完全91日) | 約4.5万戸<br>津波流出倒壊 |
| 固定電話 | 151万回線 | 15日目 | 28.5万回線 | 15日目 | |

＊土木学会　地震工学委員会「東日本大震災におけるライフライン復旧概況」報告（岐阜大学　工学部　能島教授）
＊電気：経済産業省　震災情報報道発表
＊ガス：経済産業省　震災情報報道発表、日本ガス協会報道発表
＊水道：厚生労働省災害情報報道発表、水道新聞
＊電話：NTT東日本　報道発表

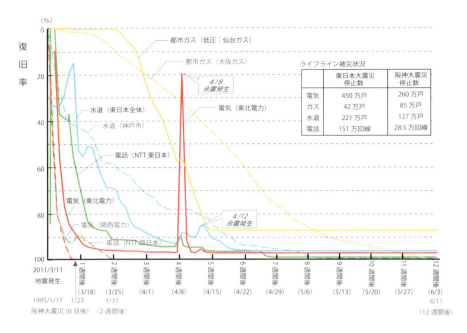

**図1-15　東日本大震災と阪神淡路大震災におけるライフライン復旧過程比較[19]**
（経済産業省、厚生労働省、日本ガス協会、NTT東日本による当時の報道発表資料より尾島俊雄研究室作成）

## 1-4　大震災から学んだこと（教訓）—インフラ強靭化

### 1　インフラ強靭化による業務継続街区（BCD）形成の必要性

　東北地方太平洋沖地震（震災名：東日本大震災）では、地震・津波が電力、ガス、上下水道、情報通信等ライフラインに甚大な被害を及ぼし、都市機能の復旧・復興が長期に渡りました。また、福島第一原子力発電所の被災は、その後の懸命な節電対策、計画停電ならびに電力使用制限等をもたらし、エネルギーの逼迫性、重要性を人々に実感させ、わが国のエネルギー問題を人々に直面させた震災であることが大きな特徴です。特に、首都圏における広範囲にわたった停電は、従来の系統電力に依存していた供給体制のリスクを認識させることになりました。一方、六本木ヒルズ地区などでは自立型電源設置による業務継続が機能したこと、また、発電電力余剰分を系統電力へ供給したことも高く評価されました。

また、首都圏では、約515万人の帰宅困難者が発生しました。駅周辺や道路には、帰宅困難者があふれ大きな混乱が発生しました。とりわけ、大規模ターミナル駅および地下街を含む周辺では、帰宅困難者対策を含む安全確保が大きな課題となっています。

　今後発生が予想される首都直下型地震では、帰宅困難者対策をはじめ、都市エネルギーのあり方、災害リスクの軽減対策など、インフラ強靭化による業務継続街区（BCD）形成のための対策が不可欠であることを認識することとなりました。

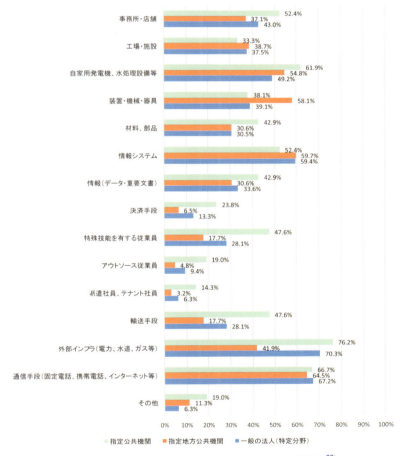

図1-16　業務継続におけるボトルネック要素の実態調査[20]

民間企業においても、東日本大震災を契機として業務継続計画（BCP）の見直しや策定検討が行われており、総務省の調査（2012年3月）によれば、約41.1％の企業がBCPの策定もしくは検討を行っているとし、大震災以降、策定は増加傾向にあります。内閣府で公共機関ならびに医療・通信・運輸施設等における業務継続にあたってのボトルネックについての調査（2014年）を行った結果（図1-16参照）、水・電力・ガス・通信等のインフラが業務継続上の大きなネックとなっていることが分かりました。

　政府は、被害が大きく首都中枢機能への影響が大きいと考えられる都心南部直下地震（M7.2）では、電気供給不足は7日間、上水道の復旧は7日間で20％〜40％断水の可能性を想定しています。そのため、東京都心部などの建物が集積しエネルギー消費密度が高く、駅周辺部や業務中枢機能を有する街区・地域においては、帰宅困難者の安全確保や災害時の水・エネルギー供給の不足による業務継続への支障や被災対策が十分でないことにより、わが国のみならず世界経済に与える影響が大きいといえます。こうした街区・地域の安全・安心の確保と業務継続に向けては、個別の建物での対策と同時に街区・地域レベルでのインフラ強靭化による業務継続街区形成が必要です。

## 2　東日本大震災後の国土強靭化等とインフラ強靭化対策

　2005年4月19日、日本学術会議では、「大都市における地震災害時の安全の確保について」と題する次の勧告を行っています。

1. 地震防災上の重要課題として、既存不適格構造物の耐震性強化および危険な密集市街地の防災対策推進の法改正
2. 大規模化・複合化する都市地下空間について、地震をはじめとする災害に対して、統合的防災基準および危機管理体制を確立すること
3. 広域災害時における安全確保対策として、病院船の建造や感染症対策としての救急医療体制、情報・通信インフラを主とする大深度地下ライフラインによる重要業務集積地域への支援体制

これは、大都市の安全というもっとも緊急性がある課題にプライオリティをおき、かつ法的な基盤の緊急の整備の必要性に特化した勧告となっています。こうしたなか、東日本大震災が発生しました。そして、東日本大震災の深刻な被災を受けて、さまざまな施策が見直されてきました。

　中央防災会議において「防災基本計画」が見直され、地震・津波等災害対策が強化され、その後、「首都直下地震緊急対策基本計画」（2014年3月）が策定されました。また、2013年12月には、「国土強靱化基本法」が制定され、国土強靱化に係る指針として「国土強靱化政策大綱」が定められました。国土強靱化政策は、国の他のすべての施策に対して、基本とするとしています（アンブレラ計画：図1-17）。これを受けて、2014年6月に閣議決定された「国土強靱化基本計画」では、供給、需要側を含めた対策が必要とされています。そのため、需要側である「都市部の業務・商業地域における業務継続の取り組みの推進」「コージェネレーション等の地域における自立分散型エネルギーの導入促進」があげられています。また、2014年4月には、「第4次エネルギー基本計画」が閣議決定されました。その基本計画には、「多層的に構成されたエネルギーの供給体制が、平時のみならず、危機時にあっても適切に機能し、エネルギーの安定供給を確保できる強靱性（レジリエンス）を保持することは、エネルギーの安定供給を真に保証する上での重要な課題の一つである」と述べられ、「地域における電源の分散化など、電力供給の強靱化を効率的に推進する」また、「再生可能エネルギーやコージェネレーション、蓄電池システムなどによる分散型エネルギーシステムは、危機時における需要サイドの対応力を高めるものであり、分散型エネルギーシステムの構築を進めていく」とされています。

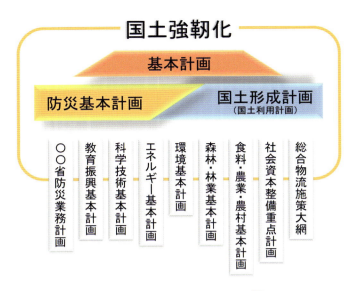

図1-17　国土強靱化政策大綱の体系[21]

　2015年9月には、「第4次社会資本整備重点計画」が閣議決定され、「切迫する巨大地震・津波や大規模噴火に対するリスク低減」のため「災害時の業務継続に必要なエネルギー自立化・多重化を進めるなど市街地の防災性を向上する対策を推進する」との重点施策が示されました。2015年には、「首都直下型地震緊急対策推進基本計画」「日本再興戦略」「新たな国土形成計画」等々において、同様の方向性が閣議決定され、業務継続に向けて自立分散型エネルギーシステムの構築等、今後、インフラによる都市の強靱化推進が期待されています。

　一方、2015年12月12日、第21回気候変動枠組条約締約国会議（COP21）において、2020年以降の新たな地球温暖化対策として「パリ協定」が採択されました。本協定は、今世紀後半に人為的な排出量を森林などによる吸収量と均衡する状態まで減らし、実質的に排出量を「ゼロ」となるように、一段と厳しい$CO_2$削減への取り組みを求めるものです。画期的合意で、歴史的な転換点であるといえます。

　政府は、COP21（パリ協定）に先立ち、2015年7月中旬に、2030年度における

温室効果ガス排出量を「13年比で、26％削減する目標」を国連に提出し国際公約しました。これに先立ち、政府は、2015年7月16日に「長期エネルギー需給見通し（エネルギーミックス）」を決定しました。このエネルギーミックスは、エネルギー政策の基本的視点である、「安全性」、「安定供給」、「経済効率性」および「環境適合（S＋3E）」について達成すべき政策目標を想定したうえで、「2030年度」のエネルギー需給構造の見通しを示すものです。エネルギー政策では、自然条件によらず安定的な運用が可能な地熱、水力、バイオマスを積極的に拡大し、それによってベースロード電源を確保しつつ、原発依存度の低減を図り、熱利用の面的な拡大、分散型エネルギーシステムとしてエネファームを含むコージェネレーション（1,190億kWh 程度）の導入促進を図ることなどに取り組むとしています。こうした背景から、都市エネルギー分野として、さらなるCGS導入促進、ゼロカーボンである清掃工場等排熱利用や木質バイオマスなどの再生可能エネルギー等を積極的に導入するなど、都市における$CO_2$削減もより一層推進することが不可欠となっています。

## 3　東京の安全・安心のための新都市インフラストラクチャーの導入

　従来の基盤施設としての都市インフラは、快適・健康性、環境性、利便性、経済性等の視点から都市を支えてきました。しかし、都市機能が高度化するなか、とりわけ東日本大震災以降のエネルギー源の多様化、多重化、自立性等による強靭化やCOP21を踏まえて2050年に向けてのさらなる$CO_2$削減による低炭素社会の構築、防災減災面からの安全・安心で事業継続可能な新しい都市インフラの導入が期待されています。従来型都市インフラと新都市インフラの比較を、表1−4に示します。

　従来の都市インフラは、広域的なネットワークを形成し、都市へエネルギー、水、通信等を供給しています。しかしながら、災害時等では、ネットワークが被災した場合、被害が広域に影響します。新都市インフラは、限定された、たとえば業務継続を行う必要のある地区に、自立的にエネルギーや水、情報・通信を確保し、災害時に継続して業務を継続させる役割を担うものです。なお、新都市インフラ導入に際しては、常時は従来の都市インフラネットワークと連携しつつ、非常時への対応を視野に入れて導入することが必要です。

表1-4 従来型都市インフラと新都市インフラの比較

| 従来型都市インフラ | 導入スケール | 新都市インフラ |
|---|---|---|
| 広域的な地域 | | 限定エリア（業務継続地区）（ネットワークと連携） |
| 都市生活に必要不可欠で、利便性、健康快適に寄与する都市インフラとして導入 | ⟷ | 都市機能を向上し、$CO_2$削減、エネルギーセキュリティ、安全・安心で事業継続としての新都市インフラ |
| 電力供給<br>ガス供給 | エネルギー系 | 地域冷暖房システム、直流電力供給<br>自立分散型エネルギーシステム<br>排熱等未利用エネルギーシステム<br>BEMS、HEMS、AMS |
| 上水道<br>下水道<br>工業用水道 | 水系 | 生活用水供給、消火用水、中水道<br>下水道・分流式、簡易水浄化装置<br>ディスポーザーシステム |
| 清掃工場<br>廃棄物処理工場 | 廃棄物系 | 排熱利用焼却施設、<br>廃棄物高度分別処理場、廃棄物管路施設 |
| 電信・電話<br>放送施設 | 情報・通信 | CATV、高度情報通信システム<br>災害情報サイネージ<br>地域医療、介護支援情報等システム |
| 幹線共同溝 | 地下空間 | 供給管共同溝、電線収容共同溝<br>新都市共同溝 |
| | エリア | スマートエネルギーシステム<br>オフサイトセンター |

　こうした背景から、「まちづくり」における今日的な新たな視点として、
- 低炭素都市づくりの形成
- 自立分散型等エネルギーセキュリティの形成
- 安全・安心な業務継続街区形成
- エリアマネジメントとの一体的推進

が必要で、新都市インフラ導入による街区形成が求められています（図1-18参照）。

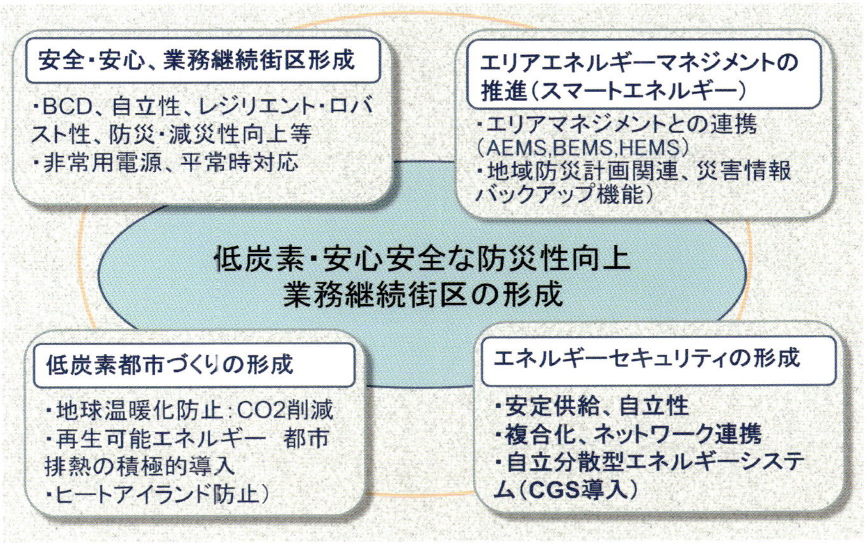

```
┌─────────────────────────────────┐  ┌─────────────────────────────────┐
│ 安全・安心、業務継続街区形成     │  │ エリアエネルギーマネジメントの   │
│ ・BCD、自立性、レジリエント・ロバ │  │ 推進（スマートエネルギー）       │
│  スト性、防災・減災性向上等       │  │ ・エリアマネジメントとの連携     │
│ ・非常用電源、平常時対応          │  │  （AEMS,BEMS,HEMS）              │
│                                 │  │ ・地域防災計画関連、災害情報     │
│                                 │  │  バックアップ機能）              │
└─────────────────────────────────┘  └─────────────────────────────────┘
              低炭素・安心安全な防災性向上
                業務継続街区の形成
┌─────────────────────────────────┐  ┌─────────────────────────────────┐
│ 低炭素都市づくりの形成           │  │ エネルギーセキュリティの形成     │
│ ・地球温暖化防止：CO2削減        │  │ ・安定供給、自立性               │
│ ・再生可能エネルギー　都市       │  │ ・複合化、ネットワーク連携       │
│  排熱の積極的導入                 │  │ ・自立分散型エネルギーシステ     │
│ ・ヒートアイランド防止）          │  │  ム（CGS導入）                   │
└─────────────────────────────────┘  └─────────────────────────────────┘
```

図1-18　まちづくりにおける今日的視点[19]

　なお、新都市インフラは、主として限定されたエリアへの導入が図られるため、都市開発と一体となった整備や事業運営にはエリアマネジメントの一環として位置づけられて導入され、地域の価値向上に貢献することが期待されています。

　業務継続街区形成においては、当該地区の強靭化に向けて「新都市インフラの役割」が大きく、非常の「電力」「水」「情報・通信」ならびにその供給網を担う「新都市共同溝」が不可欠です。図1-19に、業務継続街区（BCD）のインフライメージを示します。電力や熱エネルギーは、平常時はネットワークにより供給を受けつつ、自立的に30～50％程度のエネルギー源を確保し、中枢機能の業務継続を行います。同時に、災害時には、生活用水や消火用の水供給が不可欠で、そのための貯水と非常時の供給システムを形成します。エリア内外の災害時の状況把握や避難誘導には地域全体の情報通信ネットワークがきわめて重要で、エリアマネジメントと連携し形成します。こうした「エネルギー」「水」「情報・通信」を統括する「オフサイトセンター」が、災害時の司令塔として必要となります。平常時は、地域のエリアマネジメント推

進のための中枢機能をになうものです。こうした業務継続街区形成のための具体的な新都市インフラについては、次章で紹介します。

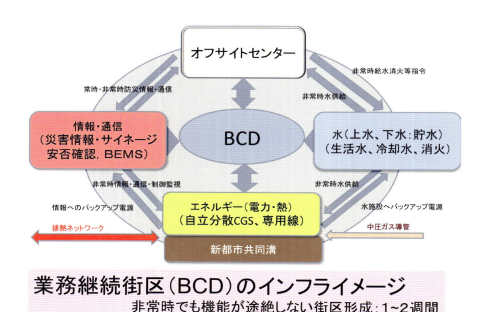

図1-19　業務継続街区(BCD)のインフライメージ

**参考文献・引用文献**

1) 森記念財団都市戦略研究所「2020年東京オリンピック・パラリンピック開催に伴う我が国への経済波及効果」2014年1月
2) 日本創生会議（座長・増田寛也元総務相）「ストップ少子化・地方元気戦略」（記者会見資料）2014年5月
3) 特別区長会「東京の自治のあり方研究会」（第7回資料）2012年4月19日（http://www.tokyo23city-kuchokai.jp/katsudo/jichi/pdf/240419/data04_2.pdf，閲覧日2016年4月1日）
4) 総務省統計局「住民基本台帳人口移動報告　平成24年結果　―全国結果と岩手県、宮城県及び福島県の人口移動の状況―　結果の概要」2015年1月
5) 東京都福祉保健局「東京都高齢者保健福祉計画　平成27年度～平成29年度」2015年3月
6) 土木学会等「阪神淡路調査報告」1996年
7) 警視庁「東北地方太平洋沖地震による死者の死因等について（23.3.11～25.3.11）」2013年3月
8) 「都市化の動向等について」（国土交通省社会資本整備審議会都市計画・歴史的風土分科会第1回都市政策の基本的な課題と方向検討小委員会配布資料）2008年5月
9) 経済産業省資源エネルギー庁「エネルギー白書2015」
10) 東京都環境局「東京都の2030年省エネルギー目標」2014年12月
11) 東京都「東京都地域危険度測定調査」2013年
12) 「防災白書2016年度」序章／世界大都市の自然災害リスク指数（ミュンヘン再保険会社）
13) 中央防災会議　首都直下地震対策検討ワーキンググループ「首都直下地震の被害想定と対策について」2013年12月
14) 内閣府「首都直下型地震緊急対策基本計画」2014年3月
15) 東京都「大規模自然災害に対する脆弱性の評価の指針」2014年11月10日
16) 東京都国土強靭化地域計画
17) 地震調査研究本部・地震調査委員会（2014年4月）
18) 復興庁ホームページ（2012年5月現在）
19) （一社）都市環境エネルギー協会「東日本大震災から学んだ都市エネルギーのあり方」2014年11月
20) 内閣府「特定分野における事業継続に関する実態調査」2013年
21) 内閣官房国土強靭化推進室「国土強靭化地域計画策定ガイドライン」2015年6月

# 2章

## 自立分散型インフラストラクチャーの必要性

# 2-1　自立分散型インフラストラクチャーの必要性と役割

## 1　エネルギー政策、電源構成、電力供給の現状・将来等

　わが国における一次エネルギー供給の内訳と、変換され消費されるエネルギーの流れを見ると、石油・石炭・天然ガスなどの一次エネルギー投入量と最終エネルギー消費量に大きなギャップがあることがわかります。このエネルギーロスの多くは発電と送電の際に発生しており、大規模な火力発電所で発電に利用されたあとに大量の熱が海に廃棄されています。一方、ほぼ同じ量を消費しているのに、ガスや灯油の消費によるエネルギーのロスはわずかです（図2-1）。

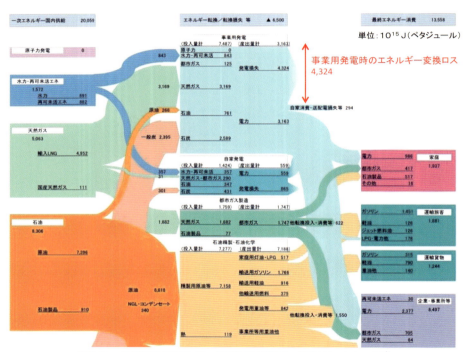

図2-1　わが国のエネルギーバランスのフロー概念（2014年度、一部）[1]

　従来の発電システムでは、火力発電所の発電効率は40〜50％程度ですので、半分以上の一次エネルギーは捨てられてしまっています。これに送電時のロ

ス2％を加えると、需要地に届くまでの効率は38〜48％に留まります。これに対して、コージェネレーションというエネルギーの変換方法があります。これは、需要地の近くに小型の発電機を置いて、電力を供給すると同時に熱も捨てずに回収して、近隣の建物に冷暖房や給湯の熱源として供給する方法です。この方法ですと、一次エネルギーの25〜35％程度を熱として使うことができますので、発電と合わせた効率は最大で70〜80％に達します。このように、エネルギーを消費する場所に発電所を分散して設置すれば、今まで捨てていた廃熱を有効に使うことができるため、エネルギーロスを大幅に削減することができます（図2-2）。

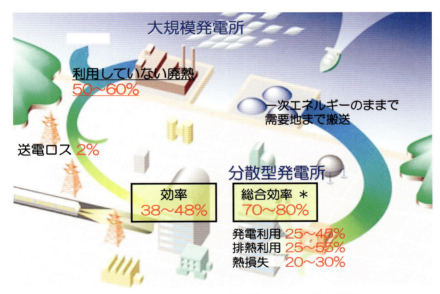

図2-2　分散型発電によるエネルギー変換の高効率化例

　従来の分散型発電機の発電効率は、最大でも25％程度でしたが、近年、技術開発によって効率が大幅に向上し、すでに火力発電所の平均効率を上回るものが普及しています。特に燃料電池は、固体酸化物形（SOFC）や溶融炭酸塩形（MCFC）などの高温作動型の登場で、将来は60％を超える高い発電効率が実現するものと期待されています（図2-3）。

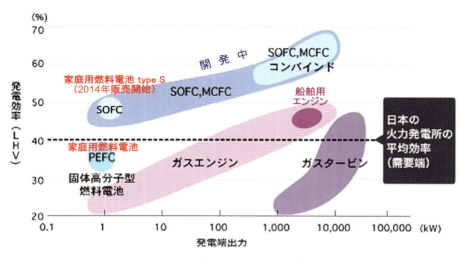

図2-3　分散型発電の発電効率[2]

　このように、エネルギーの消費地で必要なエネルギーに効率よく変換できる自立分散型電源は、大型の発電所に変わる省エネルギー性の高い新都市インフラストラクチャーとして、今後急速に整備が進むものと考えられます。

## 2　ガス導管の耐震性、ネットワーク、CGS

　自立分散型システムによりエネルギー変換効率を高めるのと同時に、都市の防災性を高める方法として、都市ガスの中圧ラインを利用した自立分散型発電システムの導入があります。都市ガスの供給設備のうち、液化天然ガス（LNG）から都市ガスを製造する設備や、都市内の重要な施設に都市ガスを届ける高圧・中圧の導管網は、震度7レベルの地震にも耐えられる仕様になっています（図2-4）。全国の大都市や工場地帯の幹線道路沿いのほとんどに敷設されている中圧管の多くは、強靭な鋼管を高度な技術の溶接により配管されているため、変形しても管が破損することがほとんどなく、供給を継続できる可能性が高いことが、阪神・淡路大震災や東日本大震災で確認されています。

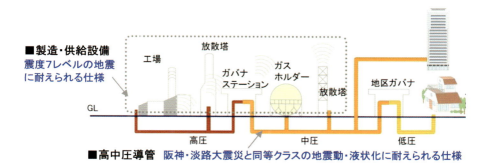

図2-4　ガス製造・供給設備の耐震性[2]

図2-5　東日本大震災後にインフラの復旧に要した日数[3]

　東日本大震災では、電気・ガス・水道など、すべてのインフラが被害を受けました。図2-5は、それぞれの復旧状況を震災からの日数で表したものです。電力の復旧は確かに早いものの、震災から3日間程度は停電が続きますので、この間も都市ガスの供給を継続できる可能性の高い中圧ガス導管の果たすべき役割はきわめて大きいと言えます。一方で、低圧ガス導管の復旧日数が長い理由は、地方都市ではまだ耐震性の高いポリエチレン製の低圧管が普及していないことが影響していますので、今後普及率が上がれば、低圧ガス管の復旧日数も短縮されると考えられます。

　総務省消防庁は、このような都市ガス中圧管の耐震性の高さを評価し、認

定されたルートの中圧管については、通達により非常用発電機を兼ねた予備燃料不要のガスコージェネレーションの設置を認めています。これにより、建物内に別に自家発電機を設置する必要がなくなり、スペースの節約や建設費の低減につながっています（図2-6）。表2-1は、仙台市内の医療施設などに設置された常用非常用兼用ガスコージェネレーションのリストです。いずれも大震災直後も稼働し続け、医療・救護活動のために必要な電力を供給し続けることができました。

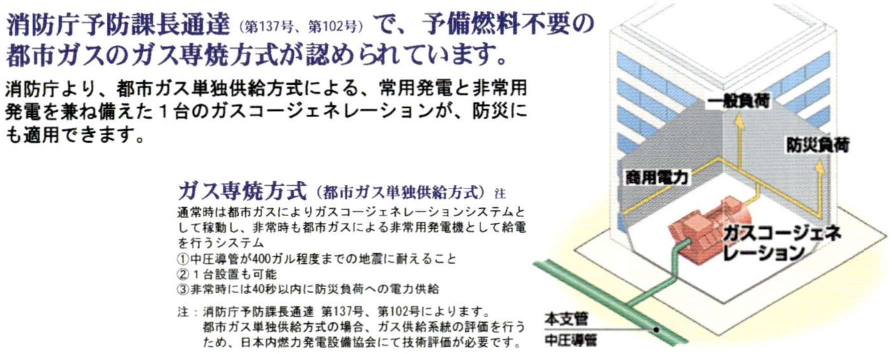

消防庁予防課長通達（第137号、第102号）で、予備燃料不要の
都市ガスのガス専焼方式が認められています。
消防庁より、都市ガス単独供給方式による、常用発電と非常用発電を兼ね備えた１台のガスコージェネレーションが、防災にも適用できます。
ガス専焼方式（都市ガス単独供給方式）注
通常時は都市ガスによりガスコージェネレーションシステムとして稼動し、非常時も都市ガスによる非常用発電機として給電を行うシステム
①中圧導管が400ガル程度までの地震に耐えること
②１台設置も可能
③非常時には40秒以内に防災負荷への電力供給
注：消防庁予防課長通達 第137号、第102号によります。
都市ガス単独供給方式の場合、ガス供給系統の評価を行うため、日本内燃力発電設備協会にて技術評価が必要です。
一般負荷
防災負荷
商用電力
ガスコージェネレーション
本支管
中圧導管


図2-6　常用防災兼用コージェネレーションシステムに関する消防庁通達[4)]

表2-1　東日本大震災直後も稼動した常用防災兼用コージェネレーション[4]

| 需要家名 | ガス供給圧力 | コージェネレーション | 容量 |
|---|---|---|---|
| 仙台医療センター | 中圧 | 常用防災兼用 | 500kW×2台 |
| 東北福祉大学<br>せんだんホスピタル | 中圧 | 常用防災兼用 | 350kW×2台 |
| 宮城県立こども病院 | 中圧 | 常用防災兼用 | 220kW×2台 |
| A社データーオフィス | 中圧 | 常用防災兼用 | 640kW×2台 |

## 3　自立分散型エネルギーシステムの必要性

日本のエネルギー消費の最大の問題点は、電気への過度の依存です。その代表が、家庭用エアコンに代表される個別熱源空調機（ヒートポンプ）ですが、この機械の問題は、熱を作り出す時の実際の効率がよくわからないという点です。これらの機器は、冷媒に圧力を加えることにより、配管の中で気体と

液体に変化させ、そのとき発生する熱を外気とやり取りするのです（図2-7）が、管の中では気体と液体が混ざり合い、複雑に状態が変化しているため、実際に輸送された熱量を正確に測ることが困難です。したがって、製造時に工場できわめてよい条件下で計測した「定格性能」が、これらの空調機の実際の効率として長年使われてきましたが、近年この値と、実際の効率には大きな乖離があることが指摘され、「ヒートポンプの性能の過大評価」として問題になっています。

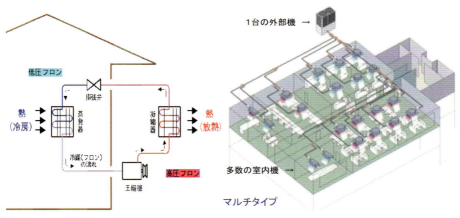

図2-7　ヒートポンプの原理

　このため、メーカーや学会などが協力して、実際の性能を加味したAPF（通年エネルギー消費効率:Annual Performance Factor）が提案され、機器ごとに表示されるようになりましたが、機器の利用状況は設置条件によって千差万別なため、APFを用いたとしても機器の実際の運転を反映できるようになったとはいえない状況です。そこで、エネルギー事業者などが東京海洋大学の亀谷茂樹教授や工学院大学の野部達夫教授らにお願いして、機器の稼働時の運転性能を測定してもらいました。たとえば野部教授の方法では、計測が難しい冷媒の輸送熱量を測定するのではなく、外気との熱交換を行う屋外機に温度センサーと風量計を挿入して、機械が除去あるいは取得した熱量を測定しました（写真2-1）。この方法は、実験室での試験と比べて5～10％程度の誤差があることが

わかっていますが、どんな機械でも測ることができますので、電気方式とガス方式の業務用ヒートポンプの性能を全国で測っていただきました。

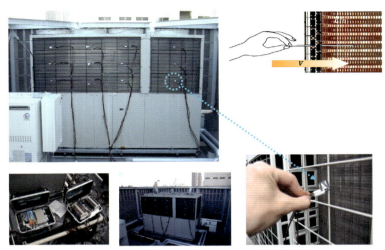

写真2-1　個別熱源空調機のオンサイト性能実測[5]

　図2-8は測定結果の一例です。左のグラフが夏、右のグラフが冬で、外気温を横軸に、空調機の定格能力に対して、どのくらいの割合で運転されているかを表す「負荷率」を縦軸に示しています。夏は、負荷率は外気温が高くなるに従って上昇していますが、最大で40％止まりです。冬はさらに低く、外気温に関係なく負荷率は20％以下です。これは大学の研究室で測ったものですので、冬休みなどもあって負荷が小さくなっていますが、事務所で測ってもほぼ同じ結果が得られています。

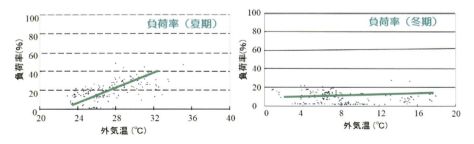

図2-8　個別熱源空調機の稼動時性能実測例[6]

個別熱源空調機が低い負荷で運転をしている理由はいくつかあります。まず、設計時の余裕率が大きすぎることがあります。ビルオーナーが最も恐れるのは、空調の効きが悪いというクレームですので、部屋の使い方や異常気象などで負荷が増えたときに備えて、あらかじめ大きな機器を入れておくということが慣習になっています。中央熱源方式では、機械室に容量の異なる熱源機を何台か置いて、負荷の状況をみながら大きい機械と小さい機械を組み合わせて、いつも負荷率が高くなるように運転できますが、個別方式では、各部屋の熱負荷に1台の熱源機しか対応できませんので、負荷に合わせて熱源機全体の出力が調整できず、低い熱負荷が直接熱源機の低い負荷率に結びついてしまいます。

　冬にことさら負荷率が低くなってしまうのは、事務所や商業施設、学校などでの建物の使い方によるものと考えられます。通常これらの建物は主として人のいる日中にエアコンを使用します。ところが日中は暖かいし、働いている人も熱を発生させるため、暖房をあまり必要としません。したがって夏と違い、日中の負荷率が低くなります。一方夜は、外気温も下がっていて部屋も冷えますので負荷は高くなるのですが、肝心の人があまりいませんので、スイッチを入れて暖房を利用する割合が下がります。このような理由で、冬は暖かい日中も寒い夜間も負荷率が低くなっていると考えられます。この問題は、主に日中に利用されるすべての建物に対して、夏と冬に同じ個別空調機を利用すること自体に問題を投げかけています。各部屋に対応する熱源機が1台である限り、いくら機械を改良しても解決できない構造的な問題といえます。

　負荷率と効率の関係を表した一例が図2-9です。ヒートポンプの効率を表すＣＯＰ（成績係数）は、負荷率により大きく変動し、特に25％以下の負荷率では、石油ストーブやガスストーブの効率（ＣＯＰ＝1）より低下します。また外気温が低く、より暖房を必要とする時ほど効率が低くなることにも注意すべきです。

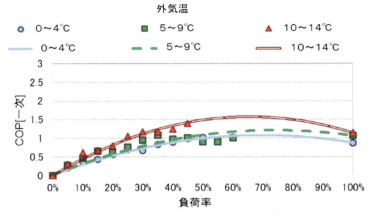

図2-9　負荷率と成績係数（COPの関係）[7]

　このような根本的な問題があるにもかかわらず、個別分散空調機は、競争による低価格化とメーカーに任せることができるメンテナンスの容易さなどから、小規模ビル・中規模ビルで急速に普及しています。東京23区では、実に小規模ビルの80％以上、中規模ビルの50％以上に個別空調機が採用されています（図2-10）。また最近では北海道でも個別熱源空調機の採用が進み、写真2-2の旭川市内のショッピングセンターの屋上にも個別熱源空調機が設置されています。このような過酷な条件のもとでは、外気から熱をもらって部屋を暖める空調機が優れた性能を発揮できないことは、見た目でも明らかだと思います。

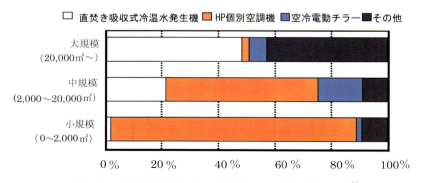

図2-10　東京都23区のオフィスビルにおける冷熱源の内訳[2]

写真2-2　個別熱源空調システムの設置状況（北海道）

　家庭用エアコンに代表される個別熱源空調機の便利さを否定するつもりはありませんが、これらの空調機にはもう一つ問題があります。それは、ヒートアイランドの大きな原因の一つと言われている「都市排熱」の問題です。

　ビルや住宅の冷房で除去された熱を排出する方法は二つに分かれます。一つは、大型のビルや地域冷暖房で採用されている中央熱源方式の熱源システムで、部屋から放出された熱を水蒸気の潜熱に蓄えて放出する方法です。写真2-3右の冷却塔という機械が部屋から出てきた顕熱を潜熱に変換する役割を果たします。この方法ですと、屋外の空気を直接暖めることはほとんどありませんので、ヒートアイランドへの影響を抑えることができます。

**顕熱型：排熱が空気を直接加熱**

排気の相互干渉（ショートサーキット）による
効率低下の可能性もある。

**潜熱型：蒸発潜熱により排熱するため
空気を直接加熱しない**

写真2-3　顕熱型と潜熱型空調システムの違い[8]

もう一つは、個別分散型システムで、直接顕熱を大気に放散する方式です。左の写真は、東京都心の高層ビルの屋上に置かれた個別分散型の熱源機ですが、これだけ並ぶと、放出される熱も大変な量になることが容易に理解できると思います。

　以上述べたように、大規模集中型発電がもたらした都市の過度な電力依存による個別熱源空調機の急速な普及は、エネルギー利用効率の低下と都市環境の悪化をもたらしており、今後は、電力と熱を消費地でより効率よく供給できる自立分散型エネルギー供給システムの導入を進める必要があります。次節では、自立分散型システムの特徴と導入のあり方について説明します。

## 2-2　分散型インフラの歴史・現状・動向・展望

### 1　大規模電源から自立分散型電源へ

　地域ぐるみでエネルギー供給の信頼性を高め、都市の防災性を高める方法として、都市ガスの中圧導管を利用した分散型エネルギーシステムの導入が有効と考えられています。図2-11の左のように、建物に個別に非常用発電機を導入する方法では、系統電力が止まった場合に供給できる電力に燃料備蓄量による時間的な制約があり、とりあえずの避難に必要な3日間が限度と言われています。

　これに対して、地域冷暖房や地点熱供給などの面的なエネルギー利用を前提にして中型以上の分散型電源を街区単位で導入し、地震に強い中圧ガス導管に接続すれば、非常時にも一定量の電力や熱の供給を行うことができる確率が高まります。この供給量にあわせて、災害時の事業や生活の継続計画を立てておけば、災害による被害や損害を最小限に抑えることができます。

　災害時に業務を継続させるために企てる計画をBCP（Business Continuity Plan: 業務継続計画）と言います。BCPを行うにあたっては、災害時に一定量以上のエネルギー源を確保することが前提となります。系統電力と非常用発電のみに頼っている場合、災害発生直後の停電時に利用できる電力は、図2-12の黒い破線のように、避難や安全上必要な最低限のレベルにまで落ち込んでしまいます。紫色で表しているのは、災害時にも業務・生活機能を維持するために

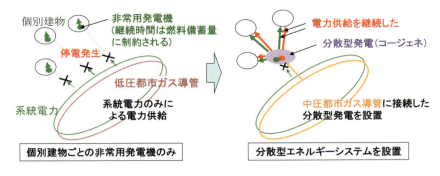

図2-11　大震災後の停電時における電力供給のイメージ

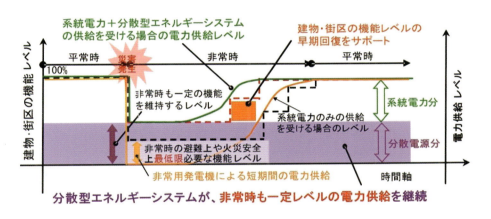

図2-12　分散型エネルギーシステムによる街区のBCPへの貢献[9]

必要となる電力ですが、通常の非常用発電機の能力を越えています。したがって、この容量分の分散型エネルギーシステムを病院や官公庁建物を中心に設置しておけば、現在に比べ都市の防災性が格段に向上します。こうした「停電時対応コージェネレーションシステム」は、10kWから5,000kWクラスまで、幅広い容量が選定でき、大震災直後の長時間停電時の際にも重要負荷への電力供給を継続できます（図2-13）。

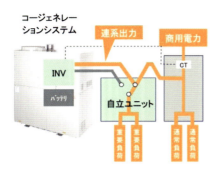 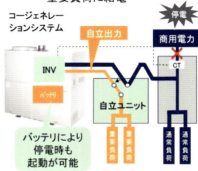

図2-13　停電時対応コージェネレーションシステム[2]

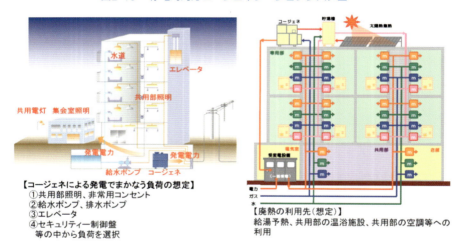

図2-14　大規模な地震が発生しても住み続けられるマンション[9]

　一方、大規模な地震が発生しても生活を続けられる機能をLCP（Life Continuity Performance:生活継続機能）と呼んでいます。東京都は、自立分散型エネルギーシステムの設置によりこうした機能を有するマンションを認定する「LCP住宅認定制度」を設け、停電時にも発電を継続し、事前に選択した重要負荷への切り替えを行うことができるコージェネレーションシステムの導入を支援しています（図2-14）。

## 2　地域冷暖房の普及発展の経緯、展望

　地域冷暖房は、代表的な分散型エネルギーシステムとして、1970年から導入が進められてきましたが、46年間にわたるその歴史は決して平坦なものではありませんでした。大気汚染防止のため、東京・大阪・北海道で1970年代に導入が進められた「第一の波」が去ると、最初の停滞期を迎えます。オイルショックから日本経済が立ち直り、第二の波が訪れたのは、1980年代の爆発的な都市開発の時代でした。バブル経済のもとでは、土地や不動産の価値は限りなく上昇し続けると信じられていましたので、経済性を省みることなく、不動産価値をさらに高める設備として、当たり前のように地域冷暖房が導入されました。ただ、これらの地域冷暖房のなかには、負荷の集約化やスケールメリットという特長を生かしていないものもあり、その結果、高い熱料金により需要家に不信感をいただかせることになりました。

　1990年代には、バブル崩壊にともなう都市開発事業の後退により、地域冷暖房の新規導入は皆無となり、運転中の地区でも経営上の問題が浮上しました。以後現在に至るまで、この停滞期が続いていますが、分散型電源や未利用エネルギーを活用し、都市の低炭素化や災害に強い都市づくりを推進するためには、地域冷暖房は必須のインフラであることが認識されつつあることから、近い将来、これまでとは形を変えた第三の新たな波がやってくるものと考えられています（図2-15）。

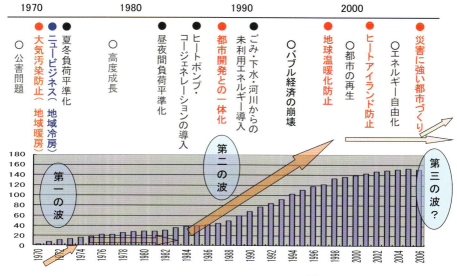

図2-15　日本の地域冷暖房の変遷[10]

　日本で最初に地域熱供給が行われたのは、1970年の大阪万博会場への地域冷房の導入です。まだ建物の冷房さえ発達していない当時、広大な万博の会場全体をどのように冷房するか、産学官の英知と技術を結集し、まだ世界にほとんど例のない大規模な地域冷房を完成させました（図2-16）。大阪万博が開会すると、予想をはるかに上回る入場者により想定を超える熱需要が発生しましたが、大型の冷凍機がフル稼働して、見事に大役を果たすことができました。これらの冷凍機は、万博終了後、大阪の千里と東京の新宿副都心の地域冷暖房プラントに移設され、初めての恒久的な地域熱源設備として長年活躍しました。

### 計画の特徴と目的

- 日本初で当時世界最大級の地域冷房システムの建設と運営
- 大容量冷凍機(10,000kWクラス)の採用
- 大容量冷凍機の転用(再利用)→新都市、空港
- 熱供給事業(ニュービジネス)の創出

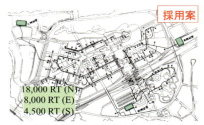

採用案

18,000 RT (N)
8,000 RT (E)
4,500 RT (S)

3ヵ所にプラントを分散した四次案

図2-16 大阪万博(1970年)での地域冷暖房の採用[10]

　図2-17は、2005年の愛知万博会場の地域冷房の計画図です。大阪万博に比べ会場の規模が小さく、環境への配慮から分散させて建築されたため、小型のプラントを7つ作ってブロック別に熱を供給しました。大きな1つのネットワークになっていないところは、大阪万博から後戻りしたようでしたが、それぞれのプラントには、開発中の機器が実験的に多数取り入れられました。その代表がSOFC型とPAFC型燃料電池で、水素と酸素を反応させ、電力会社の火力発電所より高い効率で二酸化炭素を排出することなく電気と熱を作ることができます。家庭用に小型化された燃料電池は、2010年から本格的に普及していますが、中型・大型の燃料電池が開発されれば、将来的には大型の火力発電所のいくつかに取って代わる可能性もあります。このほか、生ごみからメタンガスを取り出すバイオガスシステムや、夜に余った電気を貯めておく大規模な蓄電池などもここで試験的に導入され、その後実用化しています。まさに近未来のエネルギー設備のショーケースといった力の入れようでした。

図2-17 愛知万博(2005年)のエネルギーシステム[10]

　図2-18は、最初で、なおかつ現在でも日本最大の規模を有する新宿新都心地域冷暖房の概要です。最近パリに抜かれてしまったそうですが、それまでずっと世界最大の地域冷房でもありました。文字どおり新宿副都心の超高層ビル群の熱需要を一手に引き受けている施設で、日本最初の超高層ホテルである京王プラザホテルや都庁舎など19棟、延床面積193万㎡に冷水と蒸気を供給しています。だいぶ前になりますが、このプラントの稼動実態を詳細に調査した結果、地域冷暖房の優れた特徴が明らかになりましたので、紹介させていただきます。

| | |
|---|---|
| 供給区域面積 | 332,000 ㎡ |
| 供給施設床面積 | 2,216,303 ㎡ |
| （内訳） | |
| 庁舎・事務所・店舗 | 1,930,420 ㎡ |
| ホテル | 260,267 ㎡ |
| 地下鉄駅・地下道 | 25,616 ㎡ |
| 建物棟数 | 19 棟 |

長いあいだ冷房容量で世界最大だったが、ネットワーク化して急拡大するパリの地域冷房に、その座を譲り渡した。

図2-18 日本最大の新宿新都心地域冷暖房 [11]

　図2-19がプラントのシステム構成です。黄色い四角が蒸気を作るボイラ、水色と紫色の四角が冷水を作る冷凍機です。ボイラは6台、冷凍機はいろいろな種類のものが合計で12台設置されています。また都市ガスで発電も同時に行う「ガスタービン・コージェネレーションシステム」が導入され、発電された電力は、隣接する超高層ビルや都庁舎に送られています。蒸気は、暖房用、給湯用として直接各ビルに送られるとともに、12台の冷凍機の熱源としても利用されています。高圧の蒸気から冷水を作る世界最大の冷凍機が導入されています。また地球環境に悪影響を及ぼすフロン系の冷媒を使わずに冷凍サイクルを動かす吸収式冷凍機や、これら2つの機器を組み合わせて蒸気を2度利用することにより効率を高めた「トッピングシステム」も採用されています。

　地域冷暖房は、前節で紹介した個別熱源空調機と異なり、各熱源機の負荷率が高いことが効率の向上につながっています。図2-20の散布図は、3台の冷凍機の1時間毎の負荷率をプロットしたものですが、いずれの機械も30％以下

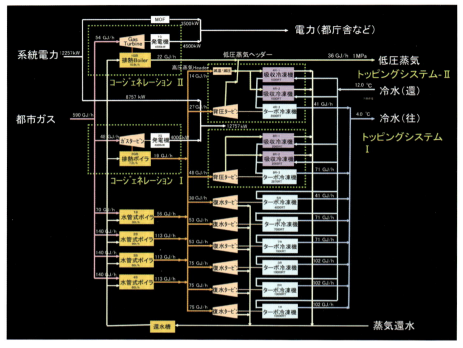

図2-19　新宿新都心地域冷暖房プラントの熱源システム[11]

の負荷率での稼動がほとんどなく、高い効率で運転されていることがわかります。縦軸のCOPは蒸気の入力に対して製造された冷熱の比率を表しています。ボイラの効率は85％程度ですので、たとえば2RのCOP1.75を一次エネルギー換算すると1.5、二次換算では4.0程度になり、電動ターボ冷凍機にも劣らない性能と言えます。

　新宿新都心地域冷暖房は、ホテルなど温熱需要の多い建物を含む西新宿の街全体にエネルギーを供給しています。蒸気の製造時の熱効率は一次換算で0.85ですので、蒸気の供給量が多いと冷熱を含めた平均の効率は下がっていきます。

　ガスを熱源とする地域冷暖房が電気を熱源とするものに比べて効率が低いという主張がありますが、その理由は、ガス熱源の地域冷暖房は、低温から高温までの幅広い熱需要に対応できるため、新宿新都心地区のように、需要先を選ぶことなく街全体のさまざまな建物に熱を供給しているためです。

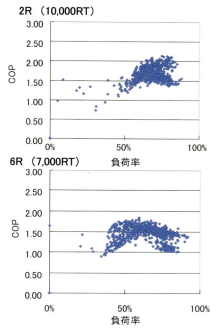
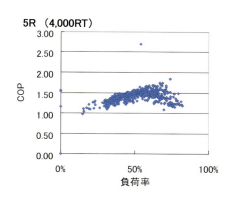

図2-20　新宿新都心地域冷暖房における主要機器の負荷分布 [11]

　また地域冷暖房は、熱を送るためのエネルギーを多く必要とするので、個別熱源方式に比べて省エネルギー性が劣るという主張があります。これも少し古いデータですが、図2-21は、新宿新都心地域冷暖房のエネルギー消費量の内訳を一次エネルギー換算で示したものです。青がボイラー、紫がコージェネレーションでのエネルギー使用量ですので、これらを合わせたものが、電気と熱を作り出すために必要なエネルギーになります。残りの部分は冷水を搬送するためのポンプや、プラントでさまざまな機械を動かすために必要なシステム用エネルギーです。その合計は、プラントでのエネルギー消費全体、すなわち棒グラフ全体の23％ですので、個別ビルの冷暖房システムに比べても決して大きいとは言えません。

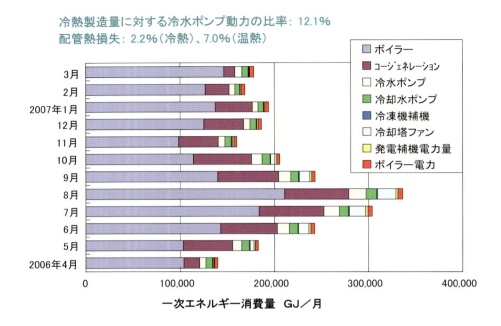

図2-21　新宿新都心地域冷暖房におけるエネルギー消費の内訳[11]

## 3　再生可能、未利用エネルギー賦存量とその活用

　都市には、人々の活動にともなって発生するさまざまな熱が未利用エネルギーとして存在しています。民間の工場や清掃工場で生み出される高温の廃熱、発電所や変電所で発生する低温の排熱や地下鉄のトンネル内に閉じ込められた空気の熱などです。最近では、北海道で冬に積もった雪を夏に未利用エネルギーとして活用する方法も考えられています。このほか、河川水、海水、下水処理水、地下水なども都市に存在する未利用エネルギーです。

　これらの未利用エネルギーは、大きく水と蒸気を利用媒体とするものに分けられます。熱の温度が100℃以下のものは湯水として利用されますが、この場合は、ポンプで搬送するために必要なエネルギーより多くの未利用エネルギーを利用できることが条件となります。したがって排熱の近くでの利用が必須となります。一方蒸気は、自分自身のエネルギーで移動しますので、搬

送のためのエネルギーが、利用されるエネルギーを超えることはありません。十分な圧力さえあれば工場から離れた都市中心部でも利用可能で、海外では、数十kmも搬送している例があります（表2-2）。

表2-2　未利用エネルギーの熱ロス・搬送動力の比較 [2]

| 利用媒体 | 温度 | 熱ロス・搬送動力 | 利用適地 |
|---|---|---|---|
| 水（熱源水） | 5〜30℃（種類、季節により異なる） | 熱ロスはほとんどないが、**別途搬送動力が必要** | 未利用エネルギーの近傍 |
| 蒸気 | 蒸気：150〜230℃程度<br>還水：60〜80℃程度 | 熱ロスは3.5〜4.5MWh/m年（搬送熱量あたり1.3〜1.7%/km）＊、**搬送動力不要** | 未利用エネルギーの近傍および**広域** |

＊配管の周囲を外気温と同等、配管径400φ、断熱（蒸気）75mm、（還水）50mm、熱需要率を80%とした場合

　各国の地域熱供給と未利用エネルギーの利用状況を日本と比較してみます。図2-22の左の棒グラフは世界主要国における年間の熱需要量に対する地域熱供給の普及率、右は地域熱供給に占める発電・清掃工場廃熱などの未利用エネルギーの使用割合です。いずれも日本は大きく遅れていますが、特に発電廃熱の利用に関しては、お隣の韓国との差が歴然です。ただ東京については、パリ、ベルリン、ストックホルムと比べても、地域熱供給の普及が遅れているわけではありません。問題なのは、それぞれのプラントが、工場のように独立して熱の生産と供給を行い、ネットワーク化されていないこと、ガスや電力などの一次エネルギーを熱源として利用して事業的に成り立っているため、都内に多く立地している清掃工場の廃熱などの未利用エネルギーの導入が進んでいないことです。

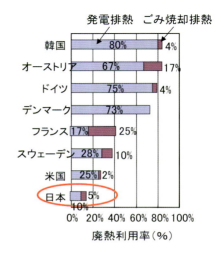

図2-22　各国における未利用エネルギー活用状況の比較[12]

　東京の未利用エネルギー分布を見てみますと、23区内だけでも清掃工場や下水処理場が数多く立地しているのに驚かされます（図2-23）。特に清掃工場が21ヵ所もあるのは、ゴミの自区内処理という、世界的にも稀な政策を進めたためです。この結果、未利用エネルギーの所在地と熱の需要地はきわめて近い関係となっていて、たとえば豊島清掃工場から池袋サンシャインシティまで、500m程度導管を伸ばせば地域冷暖房で清掃工場廃熱を利用することができます。これらの清掃工場では、現在廃熱で発電を行い、所内で使ったあと余剰になった電力を電力会社に売っていますが、ゴミを燃やしたときに出る高温の煙に含まれる有害物質が設備を腐食させるため、15%〜20%程度の低い効率でしか発電することができません。一方蒸気や高温水を地域冷暖房の熱源として供給すれば、工場内や配管部分での熱ロスを除いても80%以上の熱を有効に使えますので、東京の低炭素化にとってははるかに大きな効果が得られます。
　また東京では、道路下の空間利用が厳しく制限されているため、パリのような広域蒸気配管が整備されていませんが、これだけの未利用エネルギーとそれを受け入れることができる地域冷暖房がすでに数多く整備されているわ

けですから、規制緩和を行って、未利用エネルギーネットワークを早急に整備すべきだと思います。

　ただ東京でも、これまで清掃工場の廃熱をまったく使ってこなかったわけではありません。モノレールで浜松町から羽田空港に行く途中に見える品川八潮パークタウンという住宅団地では、1980年代に地域暖房と品川清掃工場を高温熱の配管で接続して、暖房・給湯用にゴミの焼却廃熱を受け入れてきました（図2-24）。ただ当時は、$CO_2$の排出削減や都市の低炭素化という考え自体が存在していませんでしたので、きわめて先進的な取組みにもかかわらず、それほど評価されることはなく、反対に住棟内での配管からの熱損失が多いことなど悪い面が強調され、その後このシステムが普及することはありませんでした。今からでも、団地の温熱需要の90％以上を未利用エネルギーで供給しているということを、都市の低炭素化を進めた最初のモデルとして評価すべきだと思います。

図2-23　東京都23区内の未利用エネルギー分布[10]

図2-24　品川八潮パークタウン地域冷暖房[2)]

　日本においては、未利用エネルギーをネットワーク配管により活用する事例はほとんど見られませんが、将来の実現ポテンシャルは高いと考えられます。たとえば京浜臨海部では、図2-25に示すように、工場から発生している排熱のうち利用可能な熱量は、横浜・川崎中心部の熱需要の3.9倍もあると推定されていますので、ヨーロッパのような広域熱供給配管網が整備されれば、この地域全体で大幅な$CO_2$排出の削減が達成できると考えられます。

図2-25　京浜工業地帯における工場廃熱利用のポテンシャル[13]

## 2-3　スマートエネルギーシステム

### 1　都市におけるエネルギー消費構造とスマート化の意義

　図2-26のグラフは、事務所ビルと集合住宅の1日の典型的な電力需要変動を比較したものです。1月、5月、8月とも、事務所ビルは日中に、集合住宅は朝と夜間に需要が大きくなっています。オンサイトで電力供給を行う場合、これら建物に一括して電力を供給することができれば、右の図のように朝から夜まで需要が平準化されますので、機器の利用率（部分負荷率）を向上させることができます。一般的に機器の利用率が高いほど、エネルギー変換効率も高くなりますので、エネルギー需要パターンの異なる需要の集約は、省エネルギー・低炭素化に貢献するエリアマネジメントの最も有効な手段の一つと言えます。以上を図2-27にイメージで表しました。図のオレンジ色の部分は、一次エネルギーの使用量、黒いカーブは1時間ごとの需要量で、1年分を大きい順に左から並べて表しています。左側の図は建物ごとにエネルギー利用を行う場合、右側は需要を集約して街区スケールでエネルギー利用を行う場合です。

2章　自立分散型インフラストラクチャーの必要性　　71

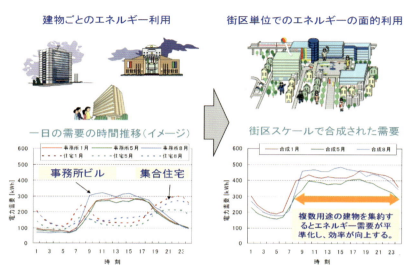

図2-26　建物の集約によるエネルギー需要の平準化[2]

　黒いカーブの上側の赤い矢印の部分の面積が少ないほど、利用できないエネルギーが少なく、環境に対する負荷が小さくなります。図2-27で示したように、建物ごとのエネルギー利用では、エネルギー変換効率の低い低負荷での運転が長時間生じるため、使われずに捨てられる赤い矢印の部分が多くなってしまいます。これに対して、街区スケールでエネルギーを面的に利用すれば、異なるパターンの負荷が合成され、高い負荷率で熱源機器を運転できますので、少ないエネルギー使用量で済むことになります。建物ごとに供給するのではなく、熱や電気をできるだけ近隣する建物で融通しあって供給することが低炭素都市づくりでの重要なポイントです。

　熱を近隣の建物で融通する代表例は、2-2の2で紹介した地域冷暖房です。地域冷暖房では、1つのプラントで作られる熱を複数のビルに供給しますので、熱需要が平準化され、非効率な部分負荷が回避されることは、新宿新都心地域冷暖房を例で紹介しました。さらに、図2-28のようにプラントが集約化されているため、清掃工場廃熱や河川水などの未利用エネルギーを取り込みやすく、熱源の低炭素化を実現しやすいことも地域冷暖房の大きな特徴です。

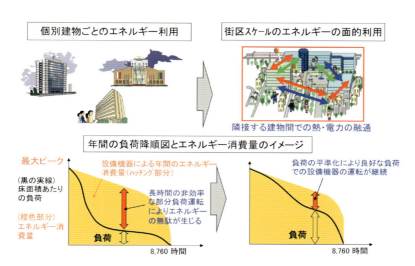

図2-27　エネルギーの面的融通による非効率な部分負荷運転の回避[2]

　ただ、地域冷暖房の普及率は日本の都市全体ではまだ微々たるものですので、大多数を占める個別建物のエネルギーシステムの低炭素化を考える必要があります。「効率の高い個別分散型空調機器への取替えこそが低炭素化への近道」との主張もありますが、前述のように、部分負荷での運転時間が長いため、実際の運転では期待どおりの高い効率が得られないこと、またヒートアイランドへの影響も懸念されることなどから、機器の取替えだけでは問題は解決できません。

　地域冷暖房が導入されていない建物で低炭素化を進める方法に「建物間熱融通」と呼ばれる方法があります。これは、隣接する建物のいくつかをグループ化して、ミニ地域冷暖房のようなシステムを構築する方法です。図2-29のように、たとえば隣り合うビル3棟の熱配管を簡易な配管で接続し、1つのビルの高効率設備から3つのビルに熱を送ることができるようにします。各ビルの設備更新を予備の設備なしに行うことができることも、この方式のメリットです。

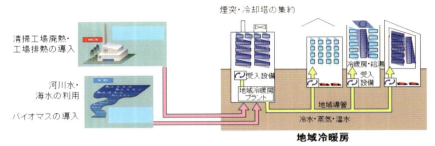

図2-28　地域冷暖房への未利用・再生可能エネルギーの導入[2]

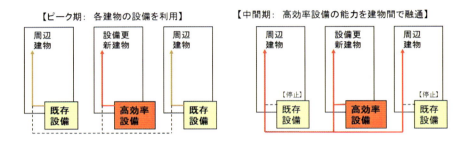

図2-29　高効率設備の優先利用による省エネルギー化[2]

　これを実際に行っているのが、図2-30に示す横浜市ESCO第一号事業です。このプロジェクトは、医療・福祉・スポーツ施設3棟、合計床面積約4万㎡の機械室を熱融通配管で相互接続し、冷水と温水を融通するとともに、コージェネレーションを設置して電力も2棟で融通するという内容です。2006年に稼動を開始しましたが、3棟の熱源設備の適正な台数運転で非効率な部分負荷運転を回避したことなどにより、運転初年度から前年度に比べて18%の一次エネルギー削減を達成しました。3つの建物が同一敷地内にあるため、公道を横切って配管を敷設する必要がなかったことなど有利な条件もありましたが、公共施設が隣接して立地する場所は全国の多くの都市にありますので、自治体が主体となってエネルギーの面的利用による低炭素化を推進する場合のよいモデルになると思います。

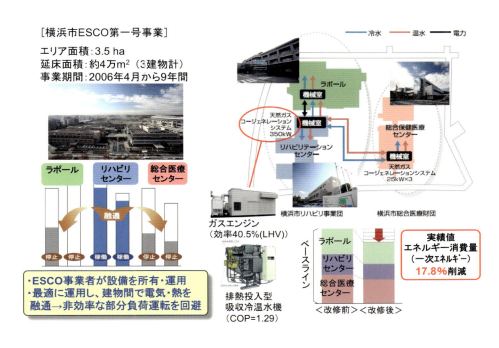

図2-30　隣接する建物間で電力・熱融通を行うESCO事業[2]

## 2　海外のスマートエネルギーシステム

　エネルギーの面的利用システムの導入が最も進んでいるのは欧州です。たとえばドイツ南部のネッカーズルム市の住宅団地では、地中熱とヒートポンプを組み合わせて、年間を通じて有効に太陽熱を利用しています（図2-31）。太陽熱は、日射量の多い春から秋にかけて多く集熱できますが、これらの期間は、熱の需要があまりありません。そこで、太陽熱を年間を通じて温度がほぼ一定の地中に貯めておき、冬に利用することが古くから行われてきました。さらにこのシステムでは、太陽熱の集熱量を高めるため、地中に貯めた熱を冬に取り出した時に、ヒートポンプを使って暖房用の温度まで加熱しています。これにより、太陽熱パネルに供給する水の温度が下がりますので、日射量の少ない冬でも多くの太陽熱を集熱することができます。ヒートポンプの賢い使い方により、$CO_2$削減量の最大化を達成しています。

図2-31 ドイツ ネッカーズルム市の太陽熱・季節間地中蓄熱街区[14]

　次に、地域熱供給に未利用エネルギーと再生可能エネルギーをうまく取り入れた例を紹介します。スイス北部の都市バーゼルでは、バーゼル・シュタット州営エネルギー会社（IWB）の清掃工場内にバイオマス・コージェネレーション設備を設置し、カーボンフリーの電力と熱を市内に供給しています（図2-32）。発電能力は4MW、熱回収量は20MWで、熱需要の少ない夏季を除いて年間4,900時間運転し、熱はすべてスイス最大のバーゼル市営の地域暖房に利用されています。燃料のバイオマスのうち50%は、このプラント用に伐採された専用材で、182の森林組合や自治体から長期契約で納入されています。$CO_2$削減量は、年間28,000トンに達します。

```
■ バイオマス燃焼設備
蒸気発生量：   41t/h（400 ℃/40 bar，清掃工場蒸気温度）
発電量：       4,000 kW（20 GWh/年）
熱回収量：     20 MW（100 GWh/年）
年間運転時間： 4,900 時間（6〜8月は運転休止）
平均総合効率： 84％
■ 燃料
年間消費量：   190,000 m3
構成：         専用材（50％）、間伐材（30％）、
               剪定材（10％）、製材所端材（10％）
納入元：       182の自治体・森林組合など
■ 二酸化炭素排出削減量： 2.8万トンCO2／年
```

主燃料の木材チップ

専用炉の増設工事

図2-32　スイス・バーゼルの木質バイオマス発電・地域暖房センター[15]

　このプラントのもう一つの特徴は、多くの設備を清掃工場と共用し、大幅なコスト削減を図っていることです。バイオマス・コージェネレーションのために新たに設置した設備は、図2-33の左側の部分、燃焼炉と付帯設備（木材チップ貯蔵施設、スラグ貯留施設、排ガス洗浄機など）のみで、専用貨物線などの搬入用インフラ、発電機、熱供給配管、煙突などすべてを既存の清掃工場の設備と共用しています。費用を最小限に抑えつつ、最大限の都市の低炭素化効果が得られる、まさにスマートな都市エネルギーシステムのモデルと言えます。

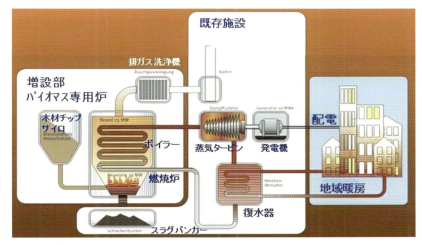

図2-33　バイオマスシステムの増設と既存清掃工場施設の利用[15]

三番目の先進事例として、オーストリアにおける地産地消型再生可能エネルギーの導入状況について紹介します。オーストリアは、国内で消費する電力の60%以上を再生可能エネルギーで供給する、ニュージーランドに次ぐ世界第2位の低炭素エネルギー利用の先進国です。とりわけ中央部のザルツブルグ州では、豊富な水資源を活用した大小の水力発電や、ザルツブルグ市など都市部での廃棄物やバイオマスのコージェネレーションの導入により、再生可能エネルギーによる電力調達率が80%に達しています（図2-34）。バーゼル市と同様、市内には地域暖房網が整備され、さらに最近では地域冷房の整備も進んでいるため、市内の多くの地域に、こうしたカーボンフリーの熱が年間を通じて供給されています。

　ザルツブルグ州の面積は高知県や島根県とほぼ同じで、人口は5割ほど多いものの、気候が温暖なこともあり、一人当たりの電力消費量は逆に10%ほど少なくなっています。両県は、ザルツブルグ州と同様、水資源や森林資源に恵まれた地域ですので、環境破壊の補償金を払って、わざわざ原子力発電所や大量の化石燃料を使う大規模火力発電を建設しなくても、県内で消費するエネルギーの多くを再生可能エネルギーで調達できるはずです。日本では、エネルギー供給が電力会社やガス会社に任されていたため、地域が主体になったこうした取組みが進んでいないことは、大変残念です。

図2-34　オーストリア・ザルツブルグ州の発電所分布[16]

　オーストリアでは、国全体で、地産の木材を利用した地域熱供給が行われています（図2-35）。また一部の地域では、安価な熱が大量に利用できることから、木材加工産業などの誘致にも成功しています。その結果、これまで灯油などエネルギーの購入のために地域の外に支払っていたお金が地域の中で還流するようになり、さらに新たな雇用も生まれた結果、ハンガリー国境のギュッシングなど、経済的に自立して豊かになった町がいくつも出現しています。

　オーストリアは日本の東北地方とほぼ同じ面積ですが、気候、森林面積、人口密度などの地理的・社会的条件でも両者はよく似ています。したがって、東北地方でもオーストリアのような再生可能エネルギーを主体とした自立した地域づくりが可能だと思います。東日本大震災からの復興計画の中で、そうした試みがいくつか行われていますので、今後の展開に期待したいと思います。

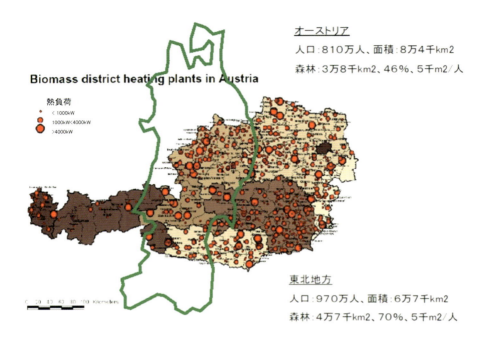

図2-35　オーストリアにおけるバイオマス地域熱供給プラントの分布[17]

## 3　日本のスマートエネルギーシステム

　複数の地域冷暖房を接続して熱供給をネットワーク化し、未利用エネルギーを熱源として取り入れる取組みが、日本でも始まっています。東京の田町駅東口北地区再開発プロジェクト（図2-36）では、需要パターンの異なる業務・商業地区と、医療・公共地区の2つの地域冷暖房を接続させたスマートエネルギーシステムを建設しています（図2-37）。中圧ガスコージェネレーション、太陽光、太陽熱、敷地内で発生する地下湧水など、多様な熱源機器をそれぞれの特徴を生かしながら組み合わせて、システム全体として効率よく稼動させる計画です。2014年12月に一部が竣工し、運転を開始しました。

図2-36　田町駅東口北地区 スマートエネルギーシステム[2]

　またこの地区では、地域冷暖房プラントに新たな機能を加えた「スマートエネルギーセンター」を設置し、出力が不安定な再生可能エネルギーを最大限活用するため、需要家と連携して冷温水温度や圧力の適正化などのエリアマネジメントを行っています。さらに災害時には、建物が必要とするエネルギー、稼動できる機器、利用できるエネルギー源を判断し、あらかじめ定めた優先順位に基づき継続的に電力と熱を供給し、防災拠点としての機能を発揮する「スマートBCP」を構築しています。将来は隣接地区とも連携させて、より広域でスマートなシステムを構築する計画で（図2-37）、日本で初めての本格的なスマートエネルギーシステムとして注目されています。

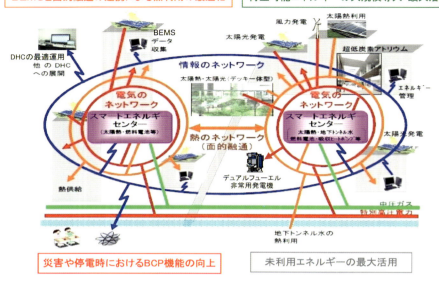

図2-37　田町駅東口北地区 スマートエネルギーシステムの構成[2]

## 4　水素エネルギーの利用

　水素は色や臭いがなく、燃やすと水になるため、有害物質が発生しないクリーンなエネルギーです。また石油・石炭・天然ガス・バイオマス・工場の副製水素などさまざまな原料から作ることができ、さらに電気分解を利用すれば、水からも製造が可能です（図2-38）。したがって、水素を太陽光・風力などの再生可能電力を利用して作り、化石燃料の代わりに使うことができれば、二酸化炭素の排出削減に寄与するばかりか、わが国のエネルギーセキュリティの向上にも貢献できます。そこで、経済産業省は水素普及ロードマップを作成し、当面は$CO_2$排出をともなう天然ガス・石油・石炭から水素を製造しながらインフラの整備と燃料電池自動車や家庭用燃料電池の普及により需要を拡大し、将来は再生可能エネルギーによる$CO_2$フリー水素の導入をめざすことにしています。

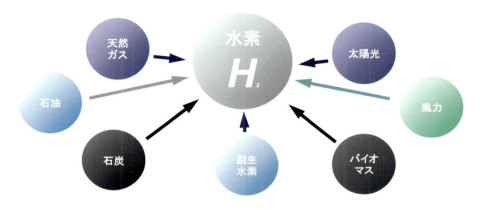

図2-38　多種多様な水素の製造原料[2)]

　今日までに普及が実現した水素利用機器に、日本が独自に開発した家庭用燃料電池「エネファーム」があります。東日本大震災以降の自家発電のニーズの高まりにより、これまでに全国で15万台以上が普及しています。また、世界初の燃料電池自動車が国内の自動車メーカーにより開発され、水素を充填する水素ステーションの建設とともに輸送部門への展開が始まっています。また将来は、こうした個別の水素利用設備をネットワーク化し、製造過程で発生する$CO_2$の分離・回収技術や、風力発電などによる$CO_2$フリーの製造手法も取り込んで、低炭素で大気汚染のない水素社会の実現をめざしています（図2-39）。

　一方で、今後普及が進む水素ステーションを災害時にも活用するため、自治体庁舎などの公共施設の近くに水素ステーションを整備することが提案されています。公共施設に設置した停電対応型コージェネレーションから水素ステーションに電力を供給すれば、災害時にも水素の製造が継続できます。この水素を、燃料電池バスに充填し、学校等の避難施設に配置すれば、数日間は機能する定置型の発電機として地域防災機能の強化にも貢献することができます（図2-40）。

図2-39　水素関連技術導入のロードマップ[2]

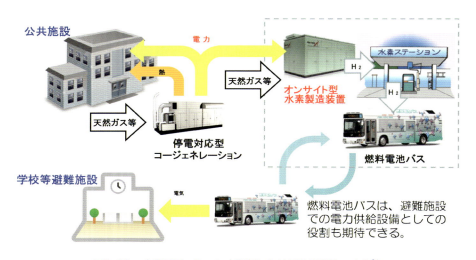

図2-40　水素ステーションを利用した地域防災機能の強化[2]

　ただ、水素エネルギーの利用には、まだ多くの課題があります。第一に水素の特性として、体積あたりの熱量が天然ガスの3分の1程度と少ないため、貯蔵や導管による輸送効率が低いことがあげられます。また、化石燃料や再生可能電力で水素を作り、その水素からまた電気や熱を作ることによるエネルギー変換ロスも、エネルギー有効利用にとってマイナスです。経済的な視点では、水素は既存エネルギーの代替として新たな需要を生み出すものではな

いため、既存エネルギーに対する社会経済性が水素への置き換えの条件となります。本格的な水素の導入には、インフラや機器等への大規模な設備投資が必要で、固定費負担の大きい事業として位置づけられているため、今後、技術の進展等により水素の調達・製造コストを下げる必要があります。ただその場合でも、単位エネルギーあたりのコスト比較では、価格競争力が得られない可能性があることから、ヨーロッパでは、水素を輸送効率が高いメタンにさらに変換する技術の開発も合わせて行われています。一方で、将来の環境規制により、化石エネルギーの利用にきわめて厳しい制約が生じ、その結果$CO_2$の価値が高騰した場合には、水素の価格競争力を確保できる可能もありますので、エネルギーの選択肢を広げておく意味でも、水素関連技術の開発と普及を進めておくべきと考えます。

## 2-4　新都市インフラネットワーク

### 1　新都市インフラネットワークの必要性について

　東京は、人口密度も高く、エネルギー消費密度が高く、我が国の司法、行政、業務、商業等の首都中枢機能が集積しています。そのため、エネルギー供給を担うインフラストラクチャーには、高度な都市基盤施設としての役割が求められています。東日本大震災時には、エネルギーが生活や業務、産業・経済活動に直結し、インフラ途絶、電力不足や計画停電等、都市基盤施設の重要性を顕在化させました。今後、首都直下型地震は、30年以内の地震発生確率が70％程度と予想される等、切迫する巨大地震への対応が急務で、インフラ途絶や地球温暖化の防止を図りながら、安心・安全に資するエネルギーインフラの抜本的な見直しが必要となっています。

　すなわち、これからのエネルギーインフラは、エネルギーセキュリティの視点から、都市の安全・安心で業務継続街区（BCD）の中枢を担う重要な役割を担うことが求められています。

　そのため、東京を世界一安全で、快適な都市を構築するため、エネルギー供給のあり方として、次のことが求められます。

・災害に強く、自立性、抗担性が確保され、

- エネルギー消費削減と外部電力依存を低減し、
- エネルギー源の多重・複合化、統合・総合化し、
- 清掃工場排熱や再可能エネルギー活用し、
- エネルギー途絶を考慮した、需要家側の平常時・非常時対応（BCP、LCP）をはかりながら、エネルギーセキュリティを確保し、
- 省ネルギー、地球温暖化防止に寄与すること等

そして、より高度な業務継続街区形成（BCD）のためには、建物単独の防災減災等の対策に加えて、地域、街区において都市インフラネットワークを形成することが、不可欠です。平常時、非常時を考慮した、新都市インフラネットワーク構築が、これからの都市形成に重要と言えます。

具体的には、東京都心の安全・安心に寄与する強靭化に資する新都市インフラストラクチャーネットワーク構築に向けて、次の視点が重要です。

### 自立分散型、多重化によるインフラネットワーク構築
- 都市におけるエネルギー源は、今後、非常時のみならず平常時をも視野に入れて、電力自立性を確保しながら、エネルギー源を多重化・複合活用しエネルギーの安定供給の確保を図る
- 地域内で、電力、ガス、熱等を総合的にエネルギー融通し、多重化を図りネットワークとも連携しながら、安定供給を確保

### 安心・安全、防災性向上等業務継続街区（BCD）形成
- 地震・津波等の災害に強く、非常時にも途絶しない、信頼性の高い、事業継続性（BCP）が確保される安全・安心街区の構築
- そのためエネルギー供給は、耐震性に優れた中圧ガス導入による自立分散型エネルギーシステムとし、エネルギーセキュリティ（自立性、ロバスト性）を強化し、
- 自家発電設備、受電設備等の地上階設置、蓄熱槽消防活用等
- エネルギー制御、災害情報、自治体防災対策連携等オフサイセンター機能の形成

- 低炭素型まちづくりの推進（自然インフラ、スマートシティ、$CO_2$削減、省エネ）
- 風の道、緑の道、水の道等を配慮し、交通施策等考慮した持続可能な都市開発
- 遠隔地からのエネルギー供給依存を低減し、できる限り都市圏外にリスクを負わせないため、地産地消型で清掃工場排熱や再生可能エネルギーを活用した自立分散型エネルギー供給を実現
- エネルギー供給サイドと最終需要サイドに立った「スマート・エネルギーネットワーク」行うなど、エリアマネジメントと連携して低炭素型まちづくりを実現

### CGS・清掃工場排熱等未利用エネルギー活用と排熱導管ネットワーク構築

　政府のエネルギー基本計画やCOP21の公約を実現するためには、さらなるCGS普及が不可欠で、大都市圏におけるCGS導入の促進なくして達成は困難です。その実現のためには、排熱を受け入れ融通するための導管設置が不可欠です。同時に、大都市圏に大量に賦存する清掃工場排熱活用のためにも、熱導管ネットワーク構築が望まれます。CGS排熱や清掃工場排熱活用には、熱融通可能な「排熱導管ネットワーク導入」が不可欠です。

### 新都市インフラネットワークにおける新都市共同溝の導入

　排熱導管ネットワークは、街区単位で設置された「自立・分散型エネルギー供給システム（CGS）」に接続され、多重化され自立性も確保され、安全安心の事業継続可能な街区形成を図ることができます。エネルギー供給等のネットワークの計画的な形成には、新しい都市インフラとして、「新都市共同溝」の導入が望まれます。新都市共同溝は、ここでは「二以上の新都市インフラを収容するために道路の地下に設ける施設」とします。その導入により、計画的整備、都市機能、供給の安定性、まちなみ景観、道路交通機能、都市居住・防災性、道路空間の整備等の向上が図れ、新都市インフラネットワーク形成に有効です。

### 事業推進体制と国、地方自治体、エリアマネジメントの役割

　こうしたエネルギーインフラネットワークを推進、実現するためには、具体的なグランドデザインを描き、事業推進体制を構築することが必要です。そのためには、省庁連携を前提とし、地方自治体の役割がきわめて重要です。特に、都市計画制度・施策等への位置付けや、都市計画分野における街づくりと一体となって整備促進する専門的部門の設置が望まれます。また、排熱利用型の地域導管等の公的位置づけ・助成措置や公設民営、エリアマネジメント等から事業成立要件再整理や事業主体の新形態、熱料金制度や需要家加入促進方策等の新たな視点からの検討と実現が、普及促進に必要です。

　また、エネルギーインフラ事業として、エリアマネジメント組織における事業化や連携、自立分散型エネルギー供給事業を含む総合エネルギー事業、防災・減災等安全安心街区形成のための災害情報システム等エネルギーインフラに係わる事業推進視点は、近年、ますます重要なっています。

## 2　海外におけるエネルギーインフラネットワーク事例

　欧米における広域熱ネットワークインフラ（地域熱供給）は、120年以上の歴史を有し、欧州のほとんどの都市に広域熱供給ワークが導入されています。図2-41に主要都市の導管ネットワーク比較と、表2-3に、主要国の普及率、導管ネットワーク等の比較を示します。普及率は、デンマークは58％、フィンランドは48％、ドイツは12％と高く、韓国は8％で、我が国は1.2％に過ぎません。

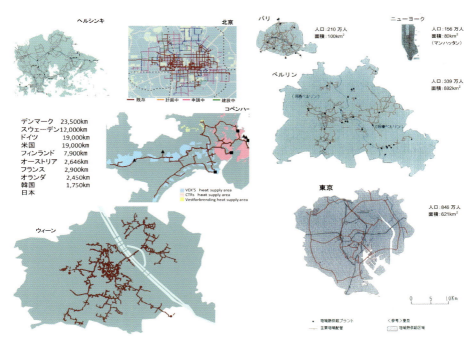

図2-41　海外主要都市の導管ネットワーク比較[18]

　地域熱供給の導管距離は、デンマークで23,500km、ドイツで19,000km、フィンランドで7,900km、オーストリアでは2,646kmで、我が国は240kmと著しく低い。その中で、主要都市では、コペンハーゲンが400km、ベルリンが550km、パリが450km、北京が600km、ソウルが1,300kmであるのに比して、東京都心は約90kmと普及が非常に遅れています。パリ市における清掃工場排熱利用とCGSによる蒸気ネットワークは、わが国の低炭素化社会の実現と都市エネルギーシステムのあり方と方向性を示唆しています。この清掃工場排熱利用と地域暖房ネットワークは、古い歴史を有しながらも、何よりもゼロカーボンである排熱活用は、21世紀の都市の新しい視点を提示し、それを着実に実施していることに、わが国は今一度、学ぶ必要があると言えます。その背景に、特に欧州においては、地域導管の公設民営や、電力自由化による市場活用動向等普及促進策など、抜本的に検討が必要といえます。

表2-3　海外主要国の地域熱供給管普及状況の比較[16]

| 国（都市） | 人口（万人） | 普及率（%） | 導管ネットワーク長（km） | CHP排熱割合（%） | ごみ排熱割合（%） |
|---|---|---|---|---|---|
| デンマーク（コペンハーゲン） | 550（112） | 58.0 | 23,500（400） | 76.0 | 12.0 |
| フィンランド（ヘルシンキ） | 510（59） | 48.0 | 12,210※（1,000） | 75.0 | 0.3 |
| オーストラリア（ウィーン） | 810（173） | 14.5 | 4,200※（370） | 68.0 | 17.0 |
| ドイツ（ベルリン） | 8,210（339） | 12.0 | 19,000（550） | 79.0 | 4.5 |
| フランス（パリ） | 6,540（210） | 3.5 | 2,900（450） | 17.0 | 25.0 |
| 米国（ニューヨーク） | 31,300（156） | 3.0 | 19,000（150） | 25.0 | 1.0 |
| 韓国（ソウル） | 4,830（980） | 8.0 | 2,260※（1,300） | ― | 4.0 |
| 中国（北京） | 134,000（1,200） | 33.0 | 110,000（600） | ― | ― |
| 日本（東京都心） | 12,700（846） | 1.2 | 240（90） | 9.6 | 5.4 |

　パリ市における清掃工場排熱利用の蒸気ネットワークは、中心部約100km²を供給対象とし、1930年より、ゼロカーボンである排熱を活用し着実に供給導管を拡張しています。パリ市の蒸気供給ネットワークは、3ヵ所の清掃工場からのごみ排熱を蒸気で購入し、7ヵ所の熱専用プラントと2ヵ所のCGSプラントからの熱製造を併せて熱供給されています。熱需要量の49%が、清掃工場の排熱により供給されています（図2-42）。配管総延長は、445kmで、地域導管の直径は、40mm～950mmです。地域導管の80%は、車道下の専用溝を利用しています。また、導管のうち合計約15kmは、地下鉄、RERや運河を避けるために、最深35mの深い地下道を利用しています（図2-43）。

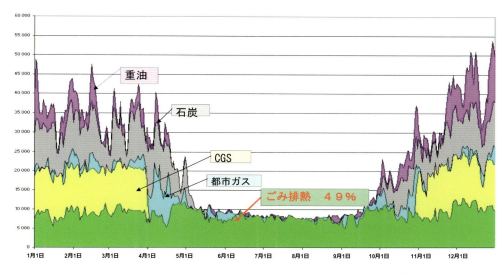

図2-42　パリ市年間蒸気供給変動とエネルギー源内訳(2008年)[19]

　パリ市蒸気ネットワーク導管拡張の歴史は、1933年当初、約2km、30件で始まり、1940年には約14km、1950年に50km、1960年に61.5kmであり、1970年代の石油ショックを迎え大幅に拡張し、1980年代からさらに延伸し、1992年のリオサミット後今日を迎え、1970年に約150kmであったが、現在約450kmで、約3倍となっています。

## 3　東京の新しいエネルギーインフラネットワーク構想

　大震災の影響はあるものの、都心への人口増加や高齢化、建物高密度化並びに国際化・情報化等により、都心部のエネルギー需要は、増加し続けています。都心部の重要な基盤整備として新しいエネルギーインフラの導入が急務であり、抜本的な視点から新しいエネルギーインフラネットワーク構想を提案します。

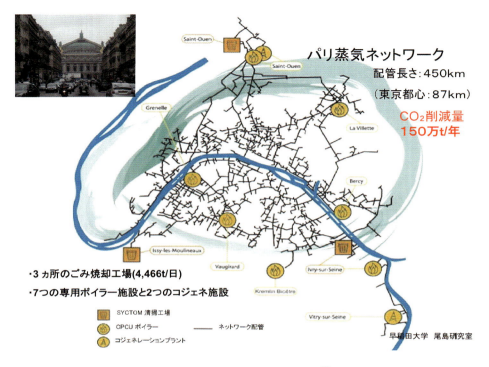

図2-43　パリ市の蒸気ネットワーク[19]

　たとえば、都心部の大手町、丸ノ内、有楽町、池袋、新宿、霞が関・六本木、赤坂、渋谷、日本橋・銀座、品川地区等は建物集積が著しく、エネルギー消費量はますます増加し、低炭素化やエネルギーセキュリティを確保した安全街区形成やBCP（Business Continuity Plan）は国際的な都市間競争からも不可欠です。

　東京圏では、阪神淡路大震災ならびに東日本大震災でも立証された地震時にも供給が停止されない耐震性が高く、非常用兼用発電機導入が可能で、BCP対応可能な「中圧ガス導管」が敷設（図2-44）されています。この中圧ガスを活用する自家発電技術の向上は著しく、発電効率の向上はもとより、排熱活用を含めたCGSのエネルギー総合効率は、約80％にも向上しています。

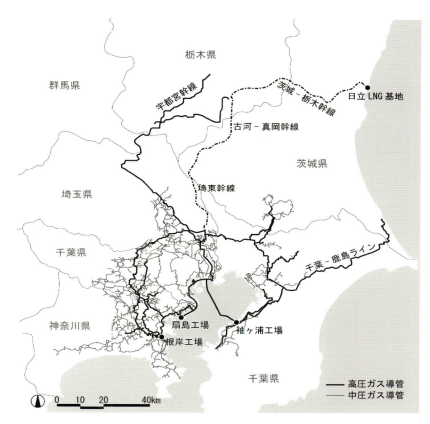

図2-44　関東圏における高圧・中圧ガス導管ネットワーク図

　また、地域冷暖房施設がすでに、都心部には39ヵ所あり、都内に66ヵ所が立地しています。ここに着目し、これらの地区の地域冷暖房施設やその近傍等に、中圧ガス導管を活用した3万～10万kWクラスの「分散型エネルギーシステム」を導入し、既存の電力・熱ネットワークと連携し、CGSプラントを設置し、さらに各地区間のエネルギー融通ネットワークを形成して、エネルギー多重化を図りながら、BEMS、AEMS等によるエネルギー情報管理を行い、面的な自立性、抗堪性を有する新しいインフラとして「自立分散型エネルギー（CGS）＋ごみ焼却排熱ネットワーク構想」を提案します（図2-45）。

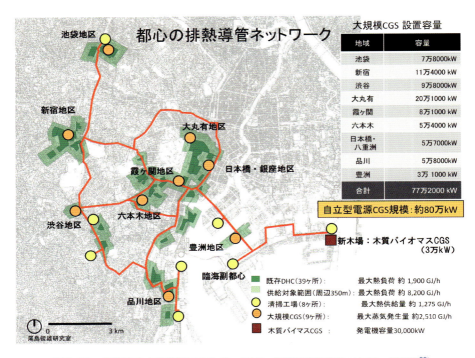

図2-45　東京の自立分散型エネルギー(CGS)+ゴミ焼却排熱ネットワーク構想[20]

　都心部立地の8ヵ所のゴミ焼却施設からの排熱蒸気等を上記のネットワークに組み込むことにより、地産地消型の再生可能エネルギーによる新しい都市インフラとなります。また、ゴミ焼却施設は、木質、下水消化ガス、汚泥炭等のバイオマス活用のタウンエネルギープラントともなります。早稲田大学尾島研究室の試算（2007年）によれば、全8地区合計で、約80万kW相当のCGSとゴミ焼却等排熱利用により省エネルギーに大きく寄与し、年間約100万トンの$CO_2$削減となります。さらに、環状8号線沿いのゴミ焼却施設を併せると22ヵ所、これらをネットワーク化することで、年間約300万トン以上の$CO_2$が削減され、世界最大級のパリ市の排熱ネットワークを超える規模となります。

　電力供給は、今後、長期にわたり不安定、不透明です。東日本大震災で日本のエネルギー基本計画が抜本的に見直される状況下、送電網の広域化、電力の自由化、原発はもとより自然エネルギー利用発電やCGS等の市場への参

入を促進する送発電分離制度など、東京のみならず日本全体における電力・ガス、熱等のエネルギーインフラのあり方を抜本的に見直すことが急務となっています。

## 4 インフラネットワークにおける新都市共同溝の必要性と提言
──都市インフラの敷設方式と共同溝整備について

　都市インフラは、水、エネルギー、情報、廃棄物を供給・処理を行うもので、配管（導管、パイプ）や配線（ケーブル）類といった「搬送施設」を有しています。これらの搬送施設の敷設・設置空間の大半は「道路下空間」にあります。都市における道路は、都市においてさまざまな機能「道路交通空間、生活環境空間、防災空間、市街地形成空間、生活交流空間、都市インフラ収容空間」を有しており、道路空間の利用は多目的にわたっています。都市の高密度化、都市機能の多様化・高度化につれて、エネルギー等の需要増加、新しい都市施設の導入など、道路空間がきわめて輻輳し、道路の堀返しによる交通機能障害のみならず、都市インフラの相互機能阻害も含めてさまざまな問題が生じています。

　こうした課題を解決する有効な方策として、都市インフラの搬送施設を一体的に収容する共同溝方式が注目されています。図2-46に都市インフラの敷設方式の分類を示します。

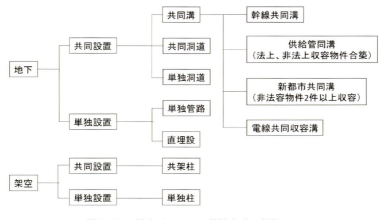

図2-46　都市インフラの敷設方式の分類

## 共同溝の種類、法制上の位置付けと収容物件

　共同溝は、「共同溝の整備等に関する特別措置法」に、「二つ以上の公益物件を収容するための道路管理者が道路の地下に設ける施設」（2条5項）と定義され、道路法上「道路付属物」として位置づけられています。公益事業者が、単独または共同で設ける類似の施設（単独洞道や共同洞道）とは厳密に区別されています。共同溝の種類は、その機能・構造によって、表2-4に示すように「幹線共同溝」「供給管共同溝」「新都市共同溝」「電線収容共同溝」と大別されます。

表2-4　共同溝等の分類と概要

| | |
|---|---|
| 「幹線共同溝」 | 直接沿道地域へのサービスを目的としない「共同溝法（略称）」上の法上占用物件である配線や配管を収容するもの<br>（主な事例）大手町、品川、九段坂等幹線共同溝 |
| 「供給管共同溝」 | 沿道地域への直接のサービスを目的とした配線や配管を収納するもの<br>共同溝法上の共同溝と非法上の占用物件を収容する共同溝との合築により構成<br>（主な事例）筑波研究学園都市、みなとみらい21 |
| 「新都市共同溝」 | 沿道地域への直接のサービスを目的とした「新都市インフラ」を収納するもので、非法上の占用物件2件以上を収容。<br>（主な事例）丸の内3-2計画地区、日本橋地区 |
| 「電線共同収容溝」 | 沿道の地域へ直接サービスを行うことを目的として、電力・情報通信ケーブル類のみを収容する「電線共同溝法（略称）」によるもの<br>（主な事例）東京都にて電線類地中化を実施 |

　なお、供給管共同溝について、筑波研究学園都市、みなとみらい21の事例をもとに、法的な解釈について下記に述べます（図2-47）。

- 本供給管共同溝は、「共同溝法による共同溝」部分と「共同溝法によらない非法上の共同溝（洞道）」部分により構成され、合体して構築されています。したがって構造物としては、一体的に建設されています。
- 供給管共同溝は、「共同溝」は、『道路付属物（ガードレール、信号等）』として、「非法上の共同溝（洞道）部分」は、『道路本体（法律解釈上の取り扱いにより）』として「道路管理者」が建設、所有、管理しています。
- 供給管共同溝は、「共同溝」部分は、国から補助金対象であるが、「共同溝

- 法よらない非法上の共同溝（洞道）」部分は、補助対象ではありません。
- 「共同溝法による共同溝」部分には、共同溝法による占用物件（上水、電気通信等公益物件）が規定され、収容されています。
- 地域暖房導管、CATVは、共同溝法上の占用物件でないため、「非法上の共同溝（洞道）部分」に収容されます。
- 「非法上の共同溝（洞道）部分」への収容は、道路管理者の占用許可が必要とされています。
- 道路管理者は、「非法上の共同溝（洞道）部分」への収容許可にあたっては、占用の必要性を判断して許可を与えます。
- 地域冷暖房、CATVについては、共同溝法の補助対象ではありませんが、他の公益物件と同じ扱いをするように、国土交通省から通達が出されており、収容の円滑化がはかられることになりました。
- 上記の非法上の共同溝部分が分離された洞道の場合「新都市共同溝」になります。

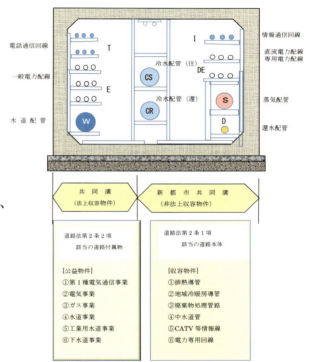

図2-47　筑波研究学園都市、みなとみらい21等供給管共同溝[20]

## 5　新都市共同溝導入の必要性と導入効果

　新都市インフラの導入には、先行投資が大きいため、需要に応じて計画的な整備が不可欠です。一般的に、対象エリアの開発では、同時にすべて需要家建物が立ち上がらず、長期にわたる整備となります。そのため、新都市インフラを需要に対応して整備することが事業リスク回避として必要で、搬送施設としての配管や配線を需要増加に対応して建設することが望まれます。そのためには、新都市インフラの敷設空間の先行的な確保ができる「新都市共同溝」の整備が有効です。また、運用に際して、新都市インフラの維持管理、保守点検、補修等に際して、新都市共同溝が有効です。しかしながら、新都市インフラの事業主体は、その導入事業の決定時期を含めて、対象地域の進捗や開発内容に大きく左右されるため、不透明な面が多く、先行的に新都市インフラ空間の確保が、都市開発の早い段階から望まれます。

　なお、「新都市共同溝」の定義は定まっていませんが、ここでは、「二以上の新都市インフラを道路下に収容する地下施設」として定義します（図2-48）。すなわち新都市共同溝とは、従来型の都市インフラが、快適・健康性、環境性、利便性、経済性等の視点から都市での活動を支えてきたが、都市機能が高度化し、とりわけ東日本大震災以降、エネルギー源の多様化、多重化や規制緩和を踏まえて、従来想定されていなかった特定電気事業のための専用電力線やCGS排熱等を活用する新都市インフラを収容する共同溝です。新都市共同溝の導入効果は、「都市機能向上」「計画的整備向上」「供給の安定性向

図2-48　新都市共同溝表縦断面図
［二つ以上の新都市インフラ等を収容するために道路下に設ける施設］

表2-5 新都市共同溝の導入効果

| 導入効果 | 導入効果の説明 |
|---|---|
| 都市機能向上 | 先行的な道路空間確保により計画的な都市基盤形成促進可能 |
| 計画的整備向上 | 需要に対応して、柔軟に計画的な敷設ができ、先行投資リスク低減 |
| 供給の安定性向上 | 常時点検が可能で、維持管理性向上、維持管理費用の低減 |
| まちなみ景観向上 | 無電柱化や植栽空間増加による都市美観の向上 |
| 交通機能向上 | 道路掘り返し時の交通渋滞・障害除去、路上物件の地中化による有効空間確保 |
| 都市居住・防災性向上 | 道路掘り返し時の事故、騒音・振動等除去。地震等からの地下埋設物件の保全管理 |

上」「街なみ景観向上」「交通機能向上」「都市居住・防災性向上」などがあげられます。それらの効果の概要を表2-5に示します。

## 6　業務継続街区(BCD)インフラ構想の提言

　業務継続街区の構築には、インフラ供給の継続が不可欠であり、特に災害拠点病院や行政機関、大都市の都市機能が集中するターミナル駅周辺地域などでは非常時であっても機能が途絶しないために、1～2週間以上利用可能な自立したインフラ機能の確保が必要とされます。中でもエネルギー(電力・熱)、水(上水・下水)、情報・通信機能は災害時の活動・機能維持にとって不可欠で、これらを供給するためのインフラは耐震性が高く、維持管理が容易な新都市共同溝に収容します。

　また、業務継続街区では、こうした強固なインフラによって供給されるエネルギー、水、情報などの資源を必要な箇所へ確実に供給するためのマネジメント機能としてオフサイトセンターを設け、常時・非常時の活動を支えます。図2-49に業務継続街区のインフライメージを示します。

　東京の主要駅周辺部は、地下空間には地下街、鉄道駅、地下鉄、地下駐車場等が錯綜し、バスターミナルなど交通結節点で乗降客も多い地域です。地上部は、業務、商業、宿泊施設等、地区の中枢を担う施設が集積しています。首都直下型地震等では多くの帰宅困難者が留まることが予想されています。

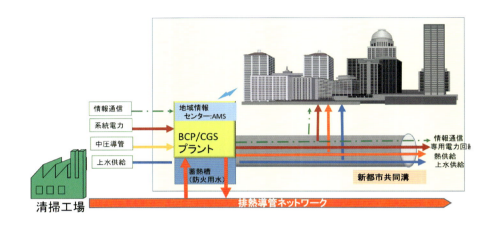

図2-49 業務継続街区における新都市インフライメージ図[20]

　また、集中豪雨や河川氾濫時には、地下街等への浸水が危惧されています。こうした地区は、地上、地下が一体となった自立型で、安全・安心な「業務継続街区」の形成が不可欠です。業務継続街区形成のためには、自立型エネルギー供給、水、情報・通信等を担う新都市インフラ導入が重要です。図2-50に、業務継続街区における新都市インフラシステムの概念図を示します。

　業務継街区形成に向けての代表的事例として、丸の内3-2計画（富士ビル・東京會舘ビル・東京商工会議所ビル建て替え計画）があります。この計画は、大手町・丸の内・有楽町地区都市再生安全確保計画に位置づけられ、2015年11月に着工し、2018年丸の内3-2計画の建物が竣工します。

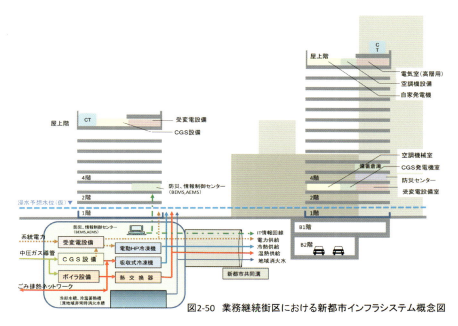

図2-50　業務継続街区における新都市インフラシステム概念図

　丸の内3-2計画にあわせ、最新のDHCプラントおよびコージェネレーションを設置し、かつ、この地区の丸の内仲通り下に耐震性の高い「新都市共同溝（洞道）ネットワーク」を整備してます。新都市共同溝（洞道）のネットワーク活用により、「熱（蒸気、冷水）・非常用電力・水・情報」を供給する面的エネルギーシステムの構築を行い、BCD機能強化と帰宅困難者対策を実施し、防災対応力強化をはかる計画です。特に熱は、蒸気のほか、冷水においても面的融通、高効率運転が可能となります。
　このほか、「札幌市北1西1周辺地区」や「日本橋室町三丁目地区」などがあります。今後、こうした業務継続街区形成がますます積極的に導入されることを期待しています。

## 参考文献・引用文献

1) 資源エネルギー庁「平成27年度エネルギーに関する年次報告」
2) 東京ガス㈱提供資料より作成
3) 中央防災会議「東北地方太平洋沖地震を教訓とした地震・津波対策に関する専門調査会報告 参考図表集」（2011年9月28日）68、69、71頁より作成
4) 「仙台市ガス局ガス配管高信頼性利用参考事例、東日本大震災による設備機器被害状況報告 その2」（2013年10月24日、一般社団法人東北空調衛生工事業協会全国大会）63頁
5) 工学院大学 野部達夫研究室提供資料
6) 元アンナ・吉田聡・佐土原聡・亀谷茂樹・野部達夫・市川徹「国立大学キャンパスに設置された電動マルチヒートポンプの実運転性能評価に関する調査研究」『空気調和・衛生工学会大会学術講演論文集』（2006年9月27日～29日、長野）127頁～130頁より作成
7) 安田光秀・菅田恭弘・鵜飼真成・野部達夫「マルチパッケージ型空調機における実運転時平均部分負荷特性の抽出方法に関する研究」『空気調和・衛生工学会大会学術講演論文集』（2016年9月14日～16日、鹿児島）265～268頁
8) 東京海洋大学 亀谷茂樹研究室提供資料
9) 東京都提供資料より作成
10) 早稲田大学 尾島俊雄研究室提供資料より作成
11) 市川徹・杉原義文・渡辺健一郎・工月良太・藤崎亘・松縄堅・丹羽英治「地域におけるエネルギー・環境マネージメントに関する研究（第2報）シミュレーションプログラム（SPREEM）のためのDHCプラントの運転データ分析」『空気調和・衛生工学会講演論文集』（2008年8月）157～160頁
12) 一般社団法人都市環境エネルギー協会提供資料
13) 横浜国立大学 佐土原聡研究室提供資料より作成
14) CONCERTO-European Union initiative 提供資料より作成
15) バーゼル木質発電所（Holzkraftwerk Basel AG）提供資料より作成
16) Salzburg AG 社提供資料より作成
17) 東北芸術工科大学 三浦秀一研究室提供資料より作成
18) 尾島俊雄・中嶋浩三「地域熱供給事業の発展における推進工法の役割」『月刊推進技術』Vol.26、No.9、1～5頁
19) 中嶋浩三「パリにおける排熱ネットワーク」都市環境エネルギー協会機関紙『地域冷暖房』2009年夏号（2009年93号）35～38頁
20) 「東日本大震災から学んだ都市エネルギーのあり方」（都市環境エネルギー協会、第21回シンポジウム、2015年11月5日）

# 3章

自然環境
インフラストラクチャー

日本における「都市」は、さまざまな気候風土のもと、経験を蓄積し、独自の風習や習慣から生活様式を育て、土地に根差した住居の空間形態をつくってきました。どのような「都市」をつくるかをまとめたものを「都市計画」といいますが、これは、「まちづくりのためのルール」のことです。安心、安全で、快適であり、住みやすい都市を形成するための一連の手法です。限られた土地を多くの人が利用するためには、土地の使い方や建物建設のルールが必要です。今日の「都市」もそれらの「計画」を基につくられ整備されたものですが、結果的には環境問題が後を絶ちません。それは「計画」の中に、都市インフラストラクチャー（前章）に対して、自然環境インフラストラクチャーが考えられていなかったことによるのではないでしょうか。環境問題の代表として「地球温暖化・ヒートアイランド現象」を、その対策として自然環境インフラストラクチャーと考えられる「風の道」を代表例に紹介します。

## 3-1　ヒートアイランド現象

### 1　地球温暖化

　環境問題のなかでも大きな問題は地球温暖化です。地球温暖化とは、地球の平均気温が年々高くなっていることを言います。1891年から統計が開始され、2015年の世界の平均気温の1981〜2010年平均基準における偏差は+0.42℃（20世紀平均基準における偏差は+0.78℃）で、1891年の統計開始以降、最も高い値となりました。世界の年平均気温は、長期的には100年あたり約0.71℃の割合で上昇しており、特に1990年代半ば以降、高温となる年が多くなっています[1]。

　原因は二酸化炭素などの温室効果ガスが大気中に増えているためで、日本においてもこの影響は顕著に出ています。たとえばゲリラ豪雨等の異常気象や2010年より救急患者が増えた熱中症、ヒトスジシマカの分布域が広がったためか、デング熱の感染症があります。

　この温室効果ガスの削減に向けて、世界の動きのなかでは、2005年に京都議定書が発効しました。京都議定書の第一約束期間（2008〜2012年）の先進国全体の温室効果ガス削減幅は22.6％で、目標の5％を大幅に上回って達成されま

した。日本は1990年と比べて6％の削減義務を負いましたが、それを上回り8.4％の削減率でした。実際の排出量は1.4％増えたものの、森林による吸収量や排出取引なども踏まえ達成しました[2]。第二約束期間（2013〜2020年）は、日本は参加していません。しかし、日本においては2010年3月に地球温暖化対策基本法案が閣議決定され（当時：鳩山内閣）、その時の目標として温室効果ガスの排出量を2020年までに1990年に比べて25％削減することを目指すことを表明しました。また、さらに長期的な観点から、第四次環境基本計画（2012年4月27日）では、2050年までに1990年に比べて80％削減することを目指しています。しかし、2011年に東日本大震災による原発事故が起きてしまったために、今後のエネルギー供給はさらに難しくなり、見直しが必要になりました。2013年に、目標として、2020年度までに2005年度に比べて3.8％削減するとしています（25％削減目標撤回）。また2015年11月30日からパリで開催されたCOP21では、日本は温室効果ガスの削減目標として2030年までに2013年に比べて26％削減（2005年比25.4％削減）すると発表しました[3]。さらに世界の途上国を含め、「パリ協定」として地球温暖化対策がまとまるのは京都議定書以来であり、「パリ協定」では地球の気温上昇を産業革命前から2℃未満に抑えるという世界共通の目標を定めました[4]。さらに有識者を集めた気候変動長期戦略懇談会（2016年2月26日）では、2050年までに80％削減を実現するためには、今までの延長線ではなく、現在の価値観や常識を破るくらいの取組みが必要とされています。

## 2　ヒートアイランド現象

　都市の内外で等温線を書くと、地球温暖化による気温上昇と都市部においての気温上昇が加わり、都市内部の高温域が、あたかも地形図上で海に浮かぶ島の等高線のように見えるのが「ヒートアイランド現象」です。2015年の日本の年平均気温の1981～2010年平均基準における偏差は+0.69℃（20世紀平均基準における偏差は+1.30℃）でした（図3-1）。日本の年平均気温は、長期的には100年あたり約1.16℃の割合で上昇しており、特に1990年代以降、高温となる年が頻出しています。

　気温の長期変化傾向として、1931年から2014年現在まで、各都市および都市化の影響の少ないところとみられる15地点の年平均気温を表3-1に示します。年平均気温の100年あたりの上昇率は、都市化の影響が比較的少ない15地点では1.5℃ですが、東京では3.2℃、大阪では2.7℃、名古屋では2.8℃でした（表3-1）。地球温暖化による気温上昇と、都市化によるヒートアイランド現象での気温上昇が急速に進んでいることが分かります（図3-1）。

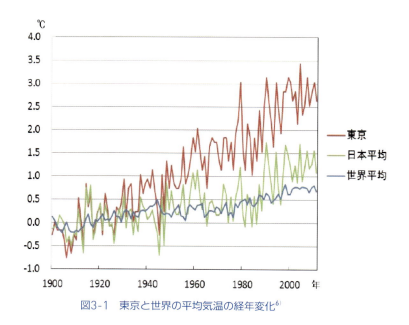

図3-1　東京と世界の平均気温の経年変化[6]

| 地点 | 都市化率<br>(%) | 年平均気温上昇率<br>(℃/100年) |
|---|---|---|
| 札幌 | 75.1 | 2.7 |
| 仙台 | 69.9 | 2.3 |
| 名古屋 | 89.3 | 2.8 |
| 東京 | 92.9 | 3.2 |
| 横浜 | 59.4 | 2.7 |
| 京都 | 60.2 | 2.6 |
| 広島 | 54.6 | 2.0 |
| 大阪 | 92.1 | 2.7 |
| 福岡 | 64.3 | 3.1 |
| 鹿児島 | 38.8 | 2.8 |
| 15地点(※) | 16.2 | 1.5 |

表3-1 各都市の年平均気温上昇率[5]

※ 観測データの均質性が長期間維持され、かつ都市化などによる環境の変化が比較的小さい気象観測
15地点(網走、根室、寿都、山形、石巻、伏木、飯田、銚子、境、浜田、彦根、宮崎、多度津、名瀬、石垣島)の平均

　1980年から1984年と、2008年から2012年との、三大都市圏における30℃以上の真夏日の合計時間数の変化を比較すると、東京周辺では1980年代前半には練馬、越谷、浦和(現さいたま)や熊谷周辺の領域で200時間程度でしたが、最近では2倍の400時間に増加しています(図3-2)。

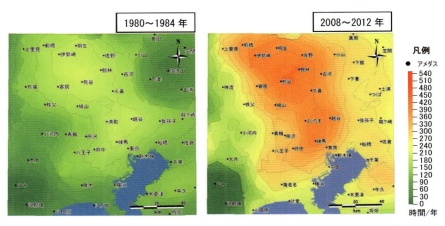

図3-2　関東地方における30℃以上の合計時間数の分布(5年間の年平均時間数)[6]

## 3　ヒートアイランド現象の原因

　1990年後半からヒートアイランド現象が顕著になり、マスコミにも取り上げられ、さまざまな機関で研究が進められてきました。そのなかで明らかになってきた、ヒートアイランド現象の主な原因としては、人工排熱の増加、地表面被覆の人工化、都市形態の高密度化の3つが挙げられます。これらの原因には主に以下の特徴があります。

### 人工排熱の増加

　建物の空調機器や自動車、工場、火力発電所等におけるエネルギー消費は最終的に熱として環境中に放出されます。空冷式の空調機器や燃料の燃焼にともなって発生する熱の大部分を占める顕熱は大気を暖め、気温上昇の原因の一つとなります。

### 地表面被覆の人工化

　地表面被覆のうち、アスファルトやコンクリート等の舗装面や建物の屋根面は、夏季の日中に日射を受けると表面温度が50～60℃程度にまで達し、大気を加熱するとともに、日中に都市内の舗装面に蓄えられた熱は、夜間の気温低下を妨げる原因となります。都市化により自然的土地利用が減少し、このような人工被覆地が増加しています。

### 都市形態の高密度化

　中高層の建物の増加などにより都市形態が高感度化したことや連続した緑地等のオープンスペースが減少したことで、風向きによっては地上近くの弱風化、風通しの悪化などにより熱の拡散や換気力を低下させる可能性があります。また、高密度化した都市内では、天空率が小さく、夜間の放射冷却が阻害されるために、熱が溜まりやすくなります。

## 4　ヒートアイランド現象の影響

　今日まで「原因」、「現象」が解明され、ヒートアイランド現象の「影響」として、人の健康や生活、動植物などにさまざまな影響が生じることが指摘

されています（表3-2）。

　また、この他、都市部における生物多様性にも影響を与える可能性があり、感染症を媒介する生物の分布・個体数の変化などによる人間活動や社会経済への影響も懸念されています。

表3-2　ヒートアイランド現象によるさまざまな影響例[6]

| 影響項目 | | 影響の内容 |
| --- | --- | --- |
| 人の健康 | 熱中症 | 高温化（主に夏季）により、熱中症の発症が増加するおそれがある。 |
| | 睡眠阻害 | 高温化（主に夏季の夜間）により、夜間に覚醒する人の割合が増えて睡眠が阻害されるおそれがある。 |
| | 大気汚染 | 都心部で暖められた空気により起こる熱対流現象により、大気の拡散が阻害され、大気汚染濃度が高まるおそれがある。高温化（主に夏季）により、光化学オキシダントが高濃度となる頻度が増えるおそれがある。 |
| 人の生活 | エネルギー消費 | 夏季の高温化により、冷房負荷が増えエネルギー消費が増加する。一方、冬季の高温化は暖房エネルギーを削減する。 |
| | 集中豪雨 | 地表面の高温化により、都市に上昇気流が起き、大気の状態によっては、積乱雲となって短時間に激しい雨が降る場合があると言われている。 |
| 植物の生息 | 開花・紅葉時期の変化 | 春の開花時期が変化して、紅葉時期が遅れる可能性がある。 |

## 3-2　ヒートアイランド対策としての「風の道」

　先述のとおり、さまざまな研究機関でヒートアイランド現象の「原因」「現象」「影響」について、複合的なメカニズムが研究され、それらの因果関係が解明されてきました。その後の調査研究により、ヒートアイランド対策には「風の道」が有効であることが明らかになりました。表3-3に、これまでの「風の道」についての調査研究内容を示します。「風の道」とは、海や山、緑地等の地域の冷熱源からの風を都市空間内に導く連続したオープンスペース（開放的な空間）で、地上付近の都市空間の通風・換気に有効なものと定義されています。

これまでの調査研究によって、風に関する現象の整理を行った結果、東京や大阪などの臨海部に立地している大都市では、夏季の穏やかな日中に海から陸に向かう冷涼な風が都市に流入していることが分かりました（図3-3）。これは昼間に日射によって暖められた陸地で上昇気流が発生し、これを補うように海から冷涼な風が陸に向かって流れているからです。

　都市を流れる風としては、この臨海部において日中に海から陸に向かって流れる「海風」の他、日射がなくなり陸地が冷える夜間に陸から海に向かって流れる「陸風」、盆地や山沿いの平野等において夜間に山地から平野部に向かって流れる冷涼な「山風」、夜間に緑地から周囲ににじみ出す冷気等があります。都市空間の熱がよどまないように、これらの冷涼な風を都市に導入・活用し、都市を流れる風の活用によって地上付近の通風・換気をすることが、都市空間のヒートアイランド対策として非常に有効です。このため、都市形態の改善として、都市空間の地上付近の通風・換気に有効となる連続したオープンスペース（開放的な空間）を設け、海や山、緑地等の地域の冷熱源からの風を都市空間内に導き、「風の道」として確保することが重要です。また都市には比較的大きな緑地があり、それらをつなげ、緑化することで、クールアイランドとして日射の遮蔽や蒸発散作用等によって気温の上昇を抑えます。これらは都市の中の自然環境インフラストラクチャーです。

表3-3　「風の道」についてのこれまでの調査研究[7]

| 年 | 調査研究内容・成果 | 発行元 |
|---|---|---|
| 2001年度<br>（H13年度） | ・ドイツのシュツットガルトで作成された「クリマアトラス（klimaatlas）」に習い都市環境気候図の作成を試みる<br>・首都圏の現状把握として、気候要素の基礎的な分布図、大気汚染図、気候の分析結果、気温分布図と風況を示し把握することができた | ヒートアイランド対策手法調査業務（環境省） |
| 2004年度<br>（H16年度） | ・都市の風に関する解析として、東京都大気汚染常時監視局の風向風速計のデータを使用し、風配図を作成し把握することができた<br>・ヒートアイランド対策大綱を取りまとめた | ヒートアイランド現象による環境影響に関する調査検討業務（環境省） |

| 年 | 調査研究内容・成果 | 発行元 |
|---|---|---|
| 2005年度<br>(H17年度) | ・風向、風速の空間分布を把握するために(財)日本気象協会の気象モデルデータベース(全国風況マップ)を整理した<br>・風環境の実態と把握するためにアメダス観測データを解析し、臨海部の風が内陸部に比べてやや強く、冷やす効果があることが分かった | ヒートアイランド現象による環境影響に関する調査検討業務(環境省) |
| 2006年度<br>(H18年度) | ・広域メトロス(三上岳彦・首都大学教授提供)による観測結果の解析から、海風が侵入してくる時刻や、気温上昇緩和の効果について分析を行った<br>・臨海部では気温低下が見られるものの、都心内部では高密化により海風の侵入を阻害している可能性を示した<br>・緑被率の分布より、緑地による気温低下が見られ、風下側へ移動していることも分かった<br>・対策や効果を定量的に評価できるツールの必要性があげられた | ヒートアイランド現象の実態把握及び対策手法に関する調査(環境省) |
| 2007年度<br>(H19年度) | ・具体的なヒートアイランド対策として「風の道」が都市形態の改善として街路、建物敷地内に連続空間を設け、熱の換気を図るのに有効だとされた<br>・「ヒートアイランド対策ガイドライン(仮称)」が取りまとめられた<br>・各地方公共団体が具体的な対策を講じることができるように都市環境気候図の作成を検討した | ヒートアイランド対策の計画的実施に関する調査(環境省) |
| 2008年度<br>(H20年度) | ・大規模な実測、風洞実験を行い、東京の都市は臨海部に接していることから海風の冷涼な風を活用することが有効であると示された<br>・世界最速レベルのスーパーコンピュータである地球シミュレーターによるシミュレーション技術を開発し、東京にどのような海風が流入していくかと把握することができた | 国土交通省国土技術政策総合研究所プロジェクト研究報告「都市空間の熱環境評価・対策技術の開発」 |
| 2010年度<br>(H22年度) | ・地球シミュレーター解析結果から建物周辺から都市スケールに至るまで、どのように風が流入しているか把握することができ、気温低下の様子、河川や緑地周辺の冷気のにじみ出し等、海風によるヒートアイランド現象緩和効果が定量的に明らかになった<br>・「東京ヒートマップ」として東京23区全域の気温、風況の熱環境解析結果(解析日時2005年7月31日14時)をカラー地図として表現した | 国土交通省国土技術政策総合研究所資料「地球シミュレーターを用いた東京23区全域における高解像度のヒートアイランド解析」足永靖信・鍵屋浩司 |

| 年 | 調査研究内容・成果 | 発行元 |
|---|---|---|
| 2013年度<br>(H25年度) | • これまでの調査、研究結果、解析結果をまとめ「ヒートアイランド対策に資する「風の道」を活用した都市づくりガイドライン」を発表した<br>• 「ヒートアイランド現象緩和に向けた都市づくりガイドライン」を作成し、地方公共団体が都市づくりの際に風環境を考慮できるように熱環境評価ツールを開発し一般公開している<br>• 各関係府省が連携し、「ヒートアイランド対策大綱(改正版)」として見直しを行い発表した | 国土交通省国土技術総合政策研究所資料（第730号） |

図3-3　都市の風(南関東の例)[7]

## ―東京における風の特徴―
## 「東京ウォール」

　陸地と海面の温度差で吹く風を海陸風という。海洋は陸地に比べて熱容量が大きく、日中は陸地よりも温度が低いために、海から陸地に吹き込む海風が卓越する。一方、夜間は逆に海洋よりも陸地の方が温度が低くなるため、陸から海に向かう陸風が発達する。しかし、東京のような巨大都市が海に面している場合、夜間になっても、ヒートアイランド現象によって陸地部が高温に保たれているため、海風から陸風への交代時間が遅れる可能性が示唆される。実際、2004年夏季の東京区部の高密度観測システム（広域METROS）（三上岳彦・首都大学教授）による観測から、図に示すように、深夜に近い時間帯でも都区部に海風が侵入している事例がしばしば認められる。

　東京における2004年の夏季気温は、観測史上最高の39.5℃を記録した。この猛暑で、東京の新聞・テレビ等がその原因の一つにヒートアイランド現象があるとし、特に汐留の超高層建築群が海風を遮り、新橋、赤坂周辺の気温を上昇させていると報じた。その結果、さまざまな実測や実験が行われている。汐留のみならず品川や田町から新橋、晴海、日本橋、箱崎に至る建物群が10km程の長さで連続し、高さが50～200mのスカイラインを形成した結果、海からの涼風を遮っている。このスカイラインが壁のように見えるところから「東京ウォール」と名付けられた。

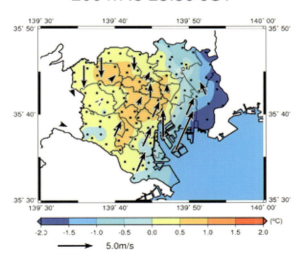

図　夏季深夜（2004年7月8日午後11時30分）の
都区内気温偏差分布と海陸風

声明 「生活の質を大切にする大都市政策へのパラダイム転換について」
2005年4月5日日本学術会議より

## 1　東京の海風

　海風による「風の道」は、海風（大きな湖からの湖風を含む）を都市空間内に導くための連続したオープンスペース（開放的な空間）です。海風による「風の道」を活用した都市づくりにあたっては、風の特性に応じて都市空間への流入タイプを考慮して、地域の冷熱源からの風を都市空間内に流入・活用し、都市空間内に取り入れた冷涼な風の効果をできる限り維持することが重要です。

　昼間に海から沿岸の都市に流入する海風は、超高層建物の高さをはるかに超える厚みを有し、水平方向の流れに加えて鉛直方向の流れも有する立体的な流れのため、海風の風向と連続したオープンスペースの向きの関係により2タイプがあります。

### 海風の風向と並行となるタイプ

　このタイプは、海風の風向を平行な連続したオープンスペースを通じて、地表面から上空まで厚みを有する海風が立体的に都市空間に流入し、地表面付近を流れるものである（図3-4）。

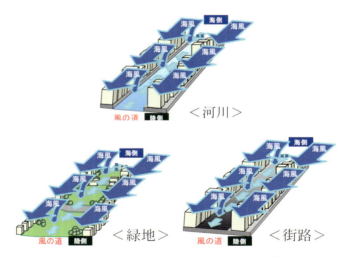

図3-4　海風が流れる「風の道」の平行タイプ[7]

### 海風の風向と異なるタイプ

　このタイプは、河川や街路沿いの建物群により、海風が上空から誘導されて都市空間に流入し、地表面付近を流れるものである（図3-5）。

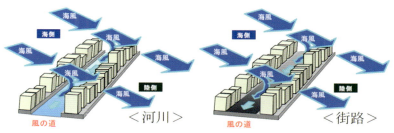

図3-5　海風が流れる「風の道」の異なるタイプ[7]

## 2　「風の道」の検討スケール

　「風の道」を活用した都市づくりを進めるうえで、ヒートアイランド現象は、都心部から郊外に向かって、都市とその周辺の広い範囲に影響を及ぼす可能性があるため、広域スケール、都市スケール、地区スケールの3種類に分けて検討するとしています[7]。

### 広域スケール

　広域スケールでは、100km圏を対象として、都心から郊外に向かって流れていく過程で熱せられた空気が、どの程度の範囲まで気温に影響を及ぼすかを把握することができます。首都圏を例にとると、東京湾から東京都心に流れ込む海風は、たとえば南風の場合、東京都の北側の埼玉県付近まで進入して気温分布に影響を与える可能性があり、このような都心部のヒートアイランド現象による影響が広域的に及ぶ場合に、それぞれの対策がどの程度の影響・効果があるのかが把握できます。

### 都市スケール

　都市スケールでは、10km圏を対象として、広域スケール中での高温域や重点的にヒートアイランド対策を検討すべき範囲で、都市に流入する風の流れ

を把握して、都市の通風・換気に配慮した風をさえぎらない都市構造を計画することができます。「風の道」を活用した都市づくりを推進するうえで、風の流れや土地利用現況、気温分布等を把握して、都市計画制度や都市開発等の活用を検討することが考えられます。

### 地区スケール

地区スケールでは、1km圏を対象として、都市再開発等の都市が変化する機会に、再開発前後の温熱環境を比較することで、地域特性を把握し、建築形態、建物配置の改善、屋上緑化、街路樹の計画等、より具体的なヒートアイランド現象対策をすることができます。加えて、空間利用者の快適性の向上といった適応策の観点も考慮して対策を実施することができます。

## 3　対策方針図（ヒートアイランド対策マップ）

ヒートアイランド対策を効果的に講ずるためには、このようにスケールごとに現況を把握したうえで、ヒートアイランド対策に資する「風の道」を空間的に明示し、「風の道」に配慮したヒートアイランド対策方針を示す必要があります。ドイツのシュトゥットガルトでは、「風の道」を都市計画に活用し、大気汚染の改善のために都市環境気候地図（クリマアトラス）を作成しています。日本においては、都市計画で「風の道」を活用したヒートアイランド対策を行うために、その要因となる分布等を地図化して系統的に「見える化」し、「風の道」に配慮した『ヒートアイランド対策マップ』を作成することが有効であると考えられています。

そのためには、ヒートアイランド現象の要因となる地表面被覆や都市形態、人工排熱に関するデータや気温分布や風の流れ等の分布図を作成するため、基礎データを整理します。図3-6に示すように作成手順が示されています。具体的には表3-4のようなデータが考えられます。

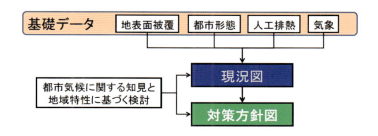

図3-6 ヒートアイランド対策マップの作成手順[7]

※「ヒートアイランド対策マップ」とは、「ヒートアイランド対策に資する『風の道』を活用した都市づくりガイドライン/国土交通省国土技術政策総合研究所/2013.4」に位置づけられたものである。

表3-4 主な基礎データの種類と内容[7]

| 種類 | 内容 | データの出典 | データから得られる情報 |
|---|---|---|---|
| 地表面被覆 | 土地利用 | 国土数値情報（土地利用細分メッシュ）<br>数値地図5000（土地利用）<br>都市計画基礎調査（GIS） | 地表面被覆の種類<br>（地表面被覆の人工状況、緑地分布等） |
| 地表面被覆 | 建物<br>（形状） | 都市計画基礎調査（GIS）<br>都市計画基本図デジタルマッピング（DM）<br>基盤地図情報（建築物の外周線） | 地表面被覆の種類<br>（地表面被覆の人工状況、緑地分布等） |
| 地表面被覆 | 自然被覆地 | 自然環境保全基礎調査（植生調査）<br>緑に関する現況調査<br>空中写真 | 地表面被覆の種類<br>（地表面被覆の人工状況、緑地分布等） |
| 都市形態 | 地形・標高 | 基盤地図情報等（メッシュ標高）<br>地形図 | 地形による凸凹（河川や谷戸など風の通り道となる地形的特性） |
| 都市形態 | 緑地 | 自然環境保全基礎調査（植生調査）<br>緑に関する現況調査<br>空中写真 | 公園・緑地等の開放的な空地の位置や規模、連続性（ネットワーク） |
| 都市形態 | 建物<br>（形状・高さ） | 都市計画基礎調査（GIS）<br>都市計画基本図デジタルマッピング（DM）<br>基盤地図情報（建築物の外周線）<br>空中写真 | 建物による凸凹<br>（都市形態の高密度化の状況、街路等の隙間空間の位置や規模、連続性） |
| 人工排熱 | 建物<br>（形状、用途、階数） | 都市計画基礎調査（GIS）<br>基盤地図情報（建築物の外周線）<br>空中写真 | 人工排熱量※<br>（建物から放出される人工排熱の状況） |
| 人工排熱 | 交通量 | 交通量調査（道路交通センサス等） | 人工排熱量※<br>（自動車から放出される人工排熱の状況） |

3章 自然環境インフラストラクチャー

| 種類 | 内容 | データの出典 | データから得られる情報 |
|---|---|---|---|
| 気象 | 風向・風速 | 気象台・アメダス<br>大気汚染常時監視測定局<br>予測計算結果 | 風の流れの傾向<br>（卓越風向）<br>風の強さ |
| | 気温 | 気象台・アメダス<br>大気汚染常時監視測定局<br>地方公共団体の観測点（百葉箱等）<br>予測計算結果 | 気温の分布 |
| | 表面温度 | 地方公共団体による赤外線熱画像撮影<br>予測計算結果 | 表面温度の分布 |

※排熱量(エネルギー消費量)原単位と組み合わせて算出

　また「風の道」を見える化した対策方針図として作成する際、「風の道」を都市計画においてより活用しやすくするために、1級、2級、3級と分けて図示します（表3-5）。1級の「風の道」は海風が流れる「風の道」（海風の風向と並行となるタイプ）の大規模河川に対応し、2級の「風の道」は海風が流れる「風の道」（海風の風向と異なるタイプ）、山風が流れる「風の道」、陸風が流れる「風の道」に対応します。3級の「風の道」は都市内緑地からの移流・にじみ出しを導く「風の道」に対応します。

表3-5　「風の道」の分類[7]

| 風の道の分類 | 内容 | 「風の道」の例（東京） |
|---|---|---|
| 1級 | 都府県をまたがる大規模河川における風の流れ | 荒川、隅田川、多摩川 |
| 2級 | 街路、鉄道敷、河川、連続した緑地等のオープンスペースにおける風の流れ | 日本橋、行幸通り、八重洲通り、環状2号線、目黒川 |
| 3級 | 緑地等の局所的な風の流れ | 皇居、明治神宮、新宿御苑 |

　都市スケールにおける対策方針図の作成例を図3-7に示します。気温、風速、風向の分布の現況図とシミュレーションを活用し、重ね合わせたものです。1級の「風の道」として東京湾から大規模河川に流れ込む海風を、2級の「風の道」として都市の中にある河川、連続した道路を、3級の「風の道」として皇居、代々木公園といった大規模緑地からのにじみ出しを想定して作成しました。ここに示すように自然環境インフラストラクチャーである「風の道」を

考慮し、風を遮らない都市づくりをしていくことで、都市の熱環境の改善につながると考えています。

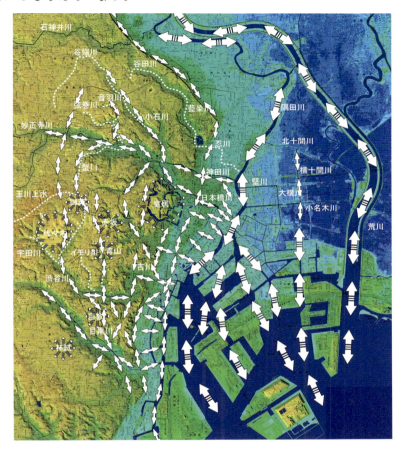

〈都市スケールの対策方針図の例（東京臨海・都心部の「風の道」の試案）〉

図3-7　シミュレーションを活用した都市スケールの対策方針図の例

## 3-3　日本橋の「風の道」

　東京日本橋川に首都高速自動車道（以下、首都高）の高架橋が1964年の東京オリンピック開催に向けて、交通混雑緩和の目的として建設された結果、この周辺のヒートアイランド現象が顕在化しました。日本橋川の景観と環境が問題とされ、親水空間がないなか、都心居住が進んでいます。その対策として、日本橋川の首都高を撤去し、日本橋川周辺の水辺空間の再生とヒートアイランド対策として「風の道」が求められてきました。そこで、日本橋・大丸有地区周辺におけるヒートアイランド対策検討委員会（委員長：尾島俊雄・早稲田大学名誉教授）は、2005年に、模型実験とシミュレーションにより、将来、日本橋で首都高が移設され、水辺空間を活かしたまちづくりが実現されたときに、首都高が有る場合と無い場合において、「風の道」がヒートアイランド現象にどのような効果を生み出すかをシミュレーションしました。

　図3-8に、現況と、再開発後として首都高撤去後のイメージ図を示します。再開発後では日本橋川上空の首都高を撤去し、河岸建物の低容積化、地区全体の容積を1.2倍としました。

　図3-9に地球シミュレーター（国土交通省国土技術政策総合研究所（以下、国総研）・足永靖信氏）による、現況と首都高撤去後の気温風速分布図（2005年7月31日の正午の地上2m付近）を示します。

　現況では、江戸橋周辺付近から日本橋、西河岸橋付近まで低温域がなくなり、「風の道」が見えません。再開発後とする首都高撤去後では、明らかに日本橋川が「風の道」になっていることが分かります。

　図3-10に地球シミュレーター（国総研・足永靖信氏）による、現況と首都高撤去後の風速分布図（2005年7月31日の正午の地上7mから9m）を示します。シミュレーションの風速データは南東からの弱風（木の葉が揺れる程度の風）となっています。

　江戸橋付近から風の流れが途絶えていたのが、首都高撤去後には、風速が増加し、日本橋川に連続した風の流れが見えます。まちを流れる風速が2倍から3倍になったという報告があります[8]。

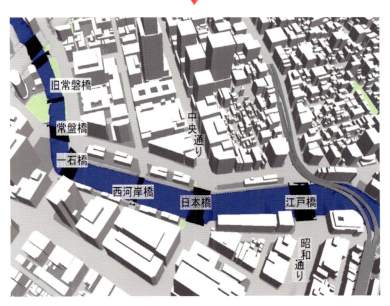

図3-8 現況と首都高撤去後のイメージ[8]

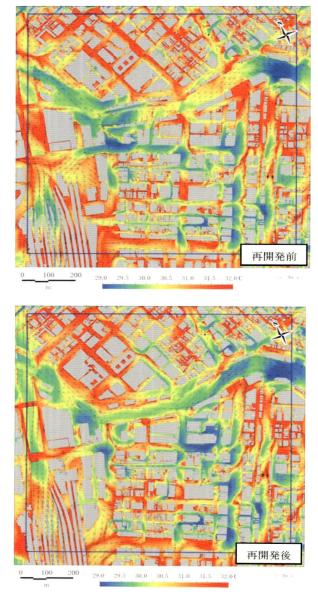

図3-9 日本橋川地区における現況と首都高撤去後の気温・風速分布[7]
(2005年7月31日12時:地上2m)

【再生前】

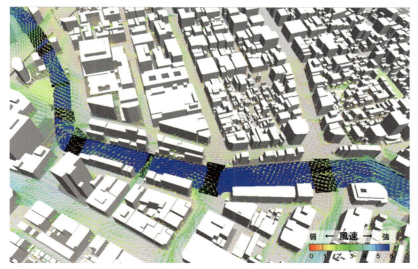

※水辺空間再生前は、実際には首都高速道路が日本橋川を覆っているが結果を見やすくするために首都高速道路を非表示にしている。

【首都高撤去後】

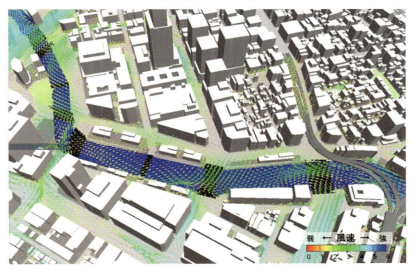

図3-10　水辺空間再生前と再生後の風の流れの変化[8]

3章　自然環境インフラストラクチャー

図3-11に地球シミュレーター（国総研・足永靖信氏）による、現況と首都高撤去後の気温分布図（2005年7月31日の正午の地上7mから9m）を示します。日本橋川に低温域が広がっていることが分かります。風速の増加にともない、気温が平均2℃下がるうえ、体感温度では4～5℃低下するとの報告があります[8]。日本橋川の水辺空間の再生前・後をシミュレーションして比較すると、隅田川からの川風が上空からの海風と合わさり、風速が2倍以上に増加していることが分かりました。

　ここで現況図、対策方針図として、日本橋地区スケールに対して「風の道」のイメージを図3-12に示します。「風のよどみ具合」を示し、「風の道」を分かりやすく可視化し、今後のまちづくりに活用できるものとなります。現況では、A周辺（図3-9）の首都高による物理的遮断に加え、高温化したアスファルト路面と自動車の人工排熱の影響により、隅田川・日本橋川を流れる涼風は高温化して気流が乱れ、BからCに至る間で風向きが特定できなくなります。一方、首都高を撤去し、日本橋川両岸の道路を拡幅する再開発を行った場合は、日本橋川に沿ってC～D～Eにおいて風が流れ、表3-5の「風の道」の分類からすると、2級の「風の道」となります。河岸沿いには、「風の道」の効果をより良くするために水辺空間として、オープンスペースの確保、建物・地上の緑化が有効です。この風の流れをさえぎらないように、建物配置や建物の低容積化が重要です。

【再生前】

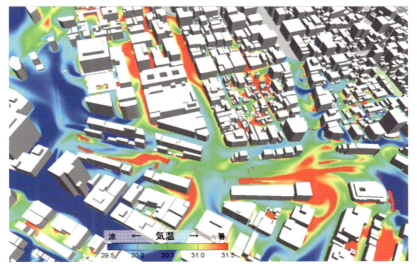

※水辺空間再生前は、実際には首都高速道路が日本橋川を覆っているが結果を見やすくするために首都高速道路を非表示にしている。

【首都高撤去後】

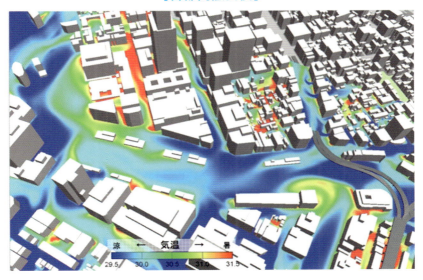

図3-11　水辺空間再生前と再生後の気温の変化[8]

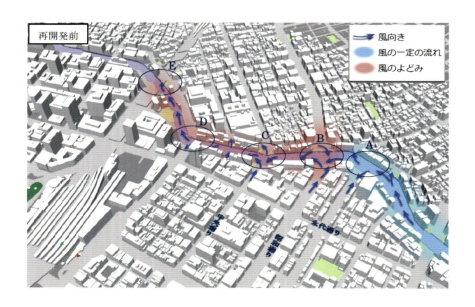
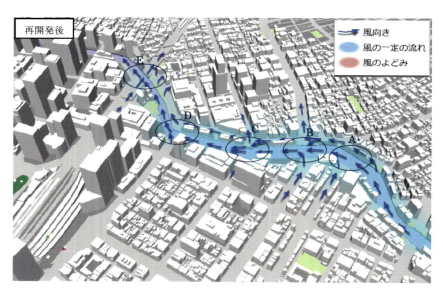

図3-12 日本橋地区の現況と首都高撤去後の「風の道」イメージ[7]

※水辺空間再生前は、実際には首都高速道路が日本橋川を覆っているが結果を
見やすくするために首都高速道路を非表示にしている。

この研究のシミュレーション結果により、首都高速道路の移設や水辺空間を活かしたまちづくりを進めることにより、日本橋川が「風の道」として機能することが確認されました。日本橋川をさかのぼる隅田川からの冷たい川風（都心より4℃～5℃低い）の風速が増えるとともに、上空からの海風が上昇下降をくり返すことで、上空300m～400mの2℃～3℃低い冷気を巻き込んで下降し、地表付近の気温の低下につながっています。

　現在では三井不動産株式会社による「日本橋再生計画」、日本橋地域ルネッサンス100年計画委員会、日本橋川に空を取り戻す会（日本橋みち会議）等のさまざまな有識者による活動と取組みが行われているため、まち全体で日本橋地区の景観、および環境の改善が進められています（図3-13）。

図3-13　日本橋川再生イメージ[9]
（©日本橋地域ルネッサンス100年計画委員会）

## 3-4　東京・八重洲・行幸通りの「風の道」

　大手町・丸の内・有楽町地区は、東京駅の中心として「風の道」を20年以上かけて計画してきた地域であり、実際に隅田川・亀島川から八重洲通りを経て行幸通りに連続した「風の道」が形成されることが期待されました。

　日本橋地区同様に、2005年、日本橋・大丸有地区周辺におけるヒートアイランド対策検討委員会（委員長：尾島俊雄・早稲田大学名誉教授）は、丸の内側と八重洲側の上部が連続するオープンスペースが実現されたとき、上空が「風の道」として機能するか、ヒートアイランド現象にどのような効果を生み出すかを観測、シミュレーションしました。図3-14に再開発前と再開発後のイメージ図を示します。東京駅前を中心に再開発が行われ、150mから200m級の高層ビルへと建て替えられ、大丸デパートは解体され、八重洲側から丸の内側への上部空間が空きました。

　図3-15に東京駅周辺の風の流れを示します。再開発後は、東京駅のプラットホームを超えて、風が八重洲から行幸通りに抜けているのが分かります。図3-16に、地球シミュレーター（国総研・足永靖信氏）による再開発前後の気温と風速分布（2005年7月31日正午、地上2m）を示します。八重洲側の気温が下がっているのが分かります。

　日本橋・大丸有地区周辺におけるヒートアイランド対策検討委員会での成果では、皇居の持つクールアイランド機能に行幸通りの「風の道」を連続することによって、東京駅、八重洲通りにぬける「風の道」が形成されることが分かりました。

　2012年に、戦争で失われた東京駅の三階部分や南北のドームが復元され、東京駅丸の内側の交通広場と八重洲側を結ぶ東京自由通路が整備され、八重洲側の東京駅（大丸デパート）は解体されたことで、丸の内側と八重洲側の上部が連続するオープンスペースとなり「風の道」として活用されることになりました。

【再開発前】

【再開発後】

図3-14　東京駅再開発前と再開発後イメージ[8]

3章　自然環境インフラストラクチャー

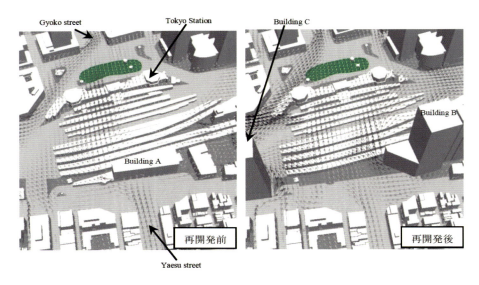

図3-15　東京駅付近の風の流れの拡大図[7]

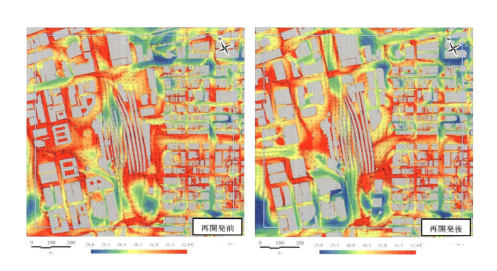

図3-16　丸の内・八重洲地区における気温・風速分布[7]

(2005年7月31日12時：地上2m)

地上5mの「風の道」の流れについて再開発前後の様子を地球シミュレーターでシミュレーションすると、再開発後の平均風速が0.42m/s、最大2.81m/s上昇することが分かりました（図3-17）。また、再開発後の気温分布では平均0.41℃、最高2.19℃低下していることから「風の道」がもつ効果が明らかになりました。東京駅周辺の風速も増大するため、体感温度が2℃低下すると報告され、ヒートアイランド抑制効果が確認されました（図3-18）。

　これまでの調査、解析結果から東京駅周辺地区スケールの現況図、対策方針図の例として風のよどみ具合を示し、「風の道」を分かりやすくするために可視化したものを図3-19に示します。再開発前後の風の流れを比較すると、再開発前は八重洲通りの東京駅前のビルで海風が遮蔽されており、Aでは風方向が対面し、BC間では風の流れが乱れています。再開発後は、東京駅ビルを撤去したことで、一定の流れが現れ、丸の内側のDまで連続するようになりました。

　東京駅周辺の「風の道」の形成については、東京湾からの南から南東の風の流れを、主要な東西通りである、晴海通り、行幸通り、および日本橋川に導入することで、ヒートアイランド対策になることが分かっています[10]。また、高層部の壁面後退や道路面の保水性舗装化や、散水、植栽などにより、道路回りの温度を下げ、地上部に冷涼な風が流れやすくなるような風環境を形成することが重要です。行幸通りについては、東京湾からの海風を皇居まで結ぶ主たる「風の道」となることを期待するとともに、皇居からのにじみ出しの効果を散水や植栽等により、本地区に導くことも求められるでしょう。

【再開発前】

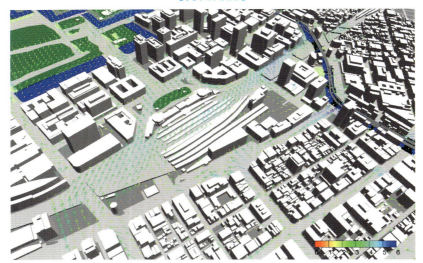

【再開発後】

図3-17　再開発前と再開発後の風の流れと風速の差シミュレーション結果(14時)[8]

【再開発前】

【再開発後】

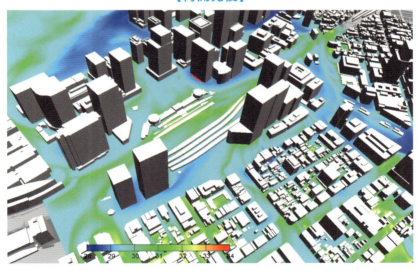

図3-18 再開発前と再開発後の気温の変化シミュレーション結果(14時)[8]

3章 自然環境インフラストラクチャー

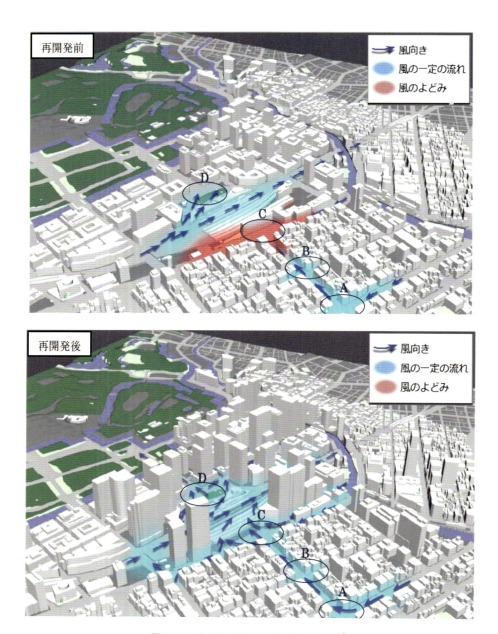

図3-19 丸の内地区の「風の道」イメージ[7]

**参考文献・引用文献**

1) 気象庁ホームページ：世界の平均気温
2) 地球温暖化対策推進本部「京都議定書目標達成計画の進捗状況」2014年7月
3) 地球温暖化対策推進本部「日本の約束草案の提出について」2015年7月17日
4) 地球温暖化対策推進本部「パリ協定を踏まえた地球温暖化対策の取組方針について」2015年12月22日
5) 気象庁「ヒートアイランド監視報告2014」
6) 環境省「ヒートアイランド対策ガイドライン改正版」2013年3月
7) 国土交通省国土技術政策総合研究所「ヒートアイランド対策に資する『風の道』を活用した都市づくりガイドライン」2013年4月
8) 日本橋・大丸有地区周辺におけるヒートアイランド対策検討委員会（委員長：尾島俊雄・早稲田大学名誉教授）、2005年
9) 日本橋地域ルネッサンス100年計画委員会
10) 尾島・鍵屋・足永・大橋・三上・田中・高橋・増田・成田・河野・阿部・東海林他「東京臨海・都心部におけるヒートアイランド現象の実測調査と数値計算」（その4）東京臨海部の風の実態、（その7）東京駅周辺の実測調査、『日本建築学会大会学術講演概要集（関東）環境系』493〜514頁、2006年

# 4章

## 市民のための災害情報インフラストラクチャー

## 4-1　東京の災害と被害想定

　2014年4月、東京都による首都直下地震等対処要領を基にして、東京都を中心に政府、九都県市、特別区、市民レベルにおける被害とその対策実態を以下に記します。

　特に、中央防災会議等で公表された東京湾北部地震、多摩直下地震のような震度6以上の大地震が発生し、国、九都県市、特別区、市町村でそれぞれに災害対策基本法による災害対策本部を設置し、災害救助法を要請した場合、発災後72時間に想定される被害と対策状況を以下に記すことにしました。

　2014年12月、中央防災会議最終報告による「首都直下地震被害と対策」によれば、

### 1　東京都心南部地震直下型

　M＝7.3（震度7と6強の地あり。図4-1）

### 2　人的被害・建物被害の被害総額95兆円、東日本大震災以上の人命救助が必要

　冬の夕方に発生した場合：最大死者23,000人、避難者720万人、全壊・焼失建物61万棟

　夏の昼頃に発生した場合：最大死者6,200人、避難者720万人、全壊・焼失建物27万棟

### 3　自衛隊の対処能力

　東日本大震災に比べて6倍の被災者と15倍の避難者が想定されることから、多くを自助に委ねられる可能性が大きい

### 4　電力（ライフライン）の被害

　直後　2,700万ｋＷ（51%）、1～2週間　2,800万ｋＷ（52%）
　復旧は1ヵ月後で、自立分散、多重化の電源確保が急務となる

## 5 帰宅困難者（平日の12時頃に発生した場合）
東京都　380〜490万人
一都4県　640〜800万人

## 6 職場や自宅での待機が要請される60m以上の高層建物
東京都下1,247棟、一都3県で1,689棟と全国の65％を占める

　さらに東京都の対処要領で示されていない分野で心配される点を挙げれば、周辺県の原子力発電所と東京湾岸部の石油コンビナート対策です。地域防災計画の原子力災害対策編によれば、東京は浜岡原発、東海原発、福島原発のPPA（250km）圏内で、防護処置、任意移転の必要な立地であり、図4-2のように柏崎原発もPPA圏に近いことが分かります。

　東京湾には千葉県と神奈川県に6ヵ所の石油コンビナート等特別防災区域（図4-3）が指定されています。3.11の東日本大震災では、震度4程度の地震で東京湾岸コンビナートのコスモ石油等のタンクが爆発炎上して、市原市民に危機的状況を与えました（写真4-1）。そこで、九都県市防災危機管理対策委員会は「石油コンビナート等民間企業の減災対策について」九都県市共同研究報告書（2013年5月）をまとめました。ここでは、石油コンビナート等特別防災区域に絞って検討をしています。しかし、表4-1を見る限り、コンビナート施設が集まる市原市、袖ヶ浦市が九都県市のメンバーでないことは問題です。消防艇による海上からの決死の突入作戦が成功しなかったらと想像すると、震度6強が想定される直下地震対策は急務です。自衛隊の空からの支援訓練は不可欠でしょう。表4-2に事業者の安全対策と住民の安全安心に関する立場の違いを示します。原子力発電所や石油コンビナート等の事業者の災害防止関連法と住民の地域防災計画のすり合わせが、もっと必要だと思われます。

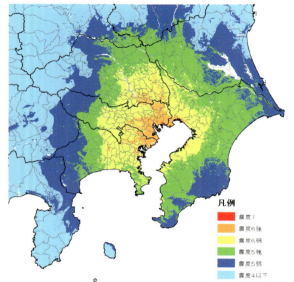

図4-1　東京都心南部地震震度分布（直下型Mw＝7.3）[1]

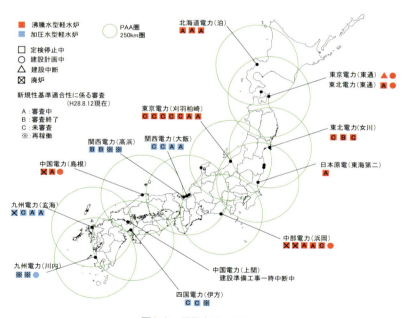

図4-2　原発立地とPPA圏

図4-3 東京湾の石油精製事業所

写真4-1 市原市石油コンビナート火災[2]

表4-1 石油コンビナート等特別防災区域災害の特殊性

| | 特別防災区域 | 市 | 人口(万人) | 石油(千kℓ) | ガス(百万㎥) | 特定事業所 | 火力発電所 |
|---|---|---|---|---|---|---|---|
| ①神奈川県 | 京浜臨海地区 3,500ha | 川崎市 | 142 | 9,110 (2,084基) | 1,211 | 55 21 | 150 200 115 |
| | 根岸臨海地区 634ha | 横浜市 | 368 | 4,580 (290基) | 618 | 8 | 332 |
| 1,024万 kW | 久里浜地区 71ha | 横須賀市 | 42 | — | — | 1 | 227 |
| ②千葉県 | 京浜臨海北部地区 288ha | 市川市 | 47 | 247 (229基) | 6 | 6 | |
| | | 船橋市 | 60 | — | — | 0 | |
| | 京葉臨海中部地区 4,519ha | 千葉市 | 96 | 413 | 31 | 8 | 288 |
| | | 市原市 | 28 | 15,240 (2,901基) | 2,116 | 37 | 188,504 360,360 |
| | | 袖ヶ浦市 | 6 | 4,454 | 265 | 17 | |
| 1,700万 kW | 京葉臨海南部地区 1,251ha | 木更津市 | 13 | 99 (62基) | 19 | 13 | |
| | | 君津市 | 9 | | | 9 | |

表4-2 (特定)事業者の安全と住民の安心

| 事業者 | 事業者の安全対策 | 周辺住民の安心 |
|---|---|---|
| 原子力発電所 経産省 環境省 | 重要免震棟、地震補強 原子力規制委員会の再稼働条件 (過酷事故対策と住民対策) | 地域防災計画(原子力対策編) PAZ(5Km圏)、避難場所(一次、二次) UPZ(30km圏)、広域避難計画 |
| 石油コンビナート 経産省 総務省 | ①地震対策(最大クラス対策) ②液状化対策 ③スロッシング対策 ④津波浸水(地下電源室) ⑤管理者等訓練(平常時) ⑥企業間連絡、初期対応 (住民への性格な情報伝達) | 石油コンビナート等災害防止法 イ．情報伝達 ロ．性格な情報 ハ．避難計画ナシ ニ．九都県市防災危機管理対策委員会(2013.5) |
| 都心ビジネス街 総務省 国交省 | ①帰宅難民対策 ②昼夜間人口差 ③企業者間協議会 | イ．BIDの必要性 ロ．エリア・マネジメント条例 ハ．夜間人口対策が自治体 |
| 国・事業者 (法人税) | 都市計画税と固定資産税 | 市町村(住民税) |

## 4-2　行政の防災対策

### 1　政府の防災対策

　国のレベルでは、首都直下地震発生という緊急事態には、図4-4のように官邸危機管理センターに報告されます（10人～30人常駐）。

　初動や内閣として必要な措置について第一次的に判断して必要と認められれば、災害対策法に基づいて災害対策本部が設置されます。2016年3月29日、中央防災会議幹事会は「首都直下地震における具体的な応急対策活動に関する計画」をまとめ発表しました。これによると震度6強以上の地震時に、1都3県以外からの広域応援部隊（最大で警察1.4万人、消防1.6万人、自衛隊11万人（在住含む）、航空機450機、船舶330隻）と災害派遣医療チーム（DMAT）1,420チームに対する派遣要請をします。陸路、空路参集、兵站支援、任務付与、広域医療搬送、地域医療搬送による重症患者の搬送を行います。

　物資については、発足後4日から7日に必要な物資（飲料水22万㎥（1日から7日分）、食料5300万食、毛布34万枚、オムツ416万枚、簡易トイレ3150万回分）を調達し被災拠点へ搬送します。燃料・石油は、業界挙げての供給体制をとり、災害拠点病院への優先供給等を行います。政府は速やかに災害緊急事態の布告と緊急災害対策本部の設置を閣議にて決定し、以上のような対処基本方針を定め、広く国民および企業に協力を要請します。

　緊急災害対策本部は、被災都県災害対策本部と密接な連携を図るため緊急災害現地対策本部を設置します。場所は東京湾臨海部基幹的広域防災拠点（有明の丘地区）のほか、埼玉県、千葉県、東京都、神奈川県の各都県庁のうちの1カ所、または複数個所に設置します。政府の現地対策本部が東京都庁に設置された場合、都の災害対策本部と情報の共有と状況認識の統一を図るとともに、救助・救急活動、消火活動、医療活動等の実施機関と密接に連携し、災害対策の実施を推進します（図4-5参照）。

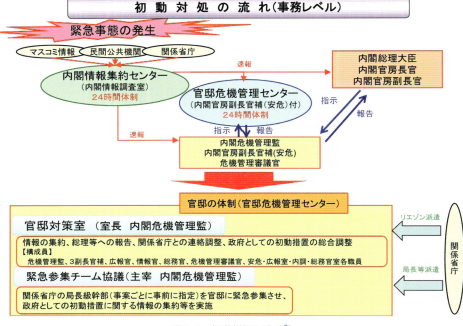

図4-4 初動対処の流れ[3]

　都内には危険な密集市街地は1,126haあり、600ヵ所で火を止められず延焼し、鎮火までに2日かかると国交省は想定しています。木造住宅密集地が広い墨田区は少人数でも消火可能な「可搬型消火ポンプ」を配備する他、区民が参加する「区民消火隊」を組織しますが、住民一人一人の協力が不可欠と言われています。

　また、想定される負傷者は12万3千人、重傷者はこのうち2万4千人となっています。1都3県の災害拠点病院150ヵ所は耐震化され自家発電をもち、全国から最大1,199のDMATが駆けつけますが、その集散や配分には今一つ心配な様子がうかがえます。また、負傷者の搬送ルートや救助拠点の確保にまだまだ問題がありそうだと言われています。

　国や都県の直下地震対策は、机上とはいえ少しずつ見え始めたことは心強い限りでありますが、さらに今一段と実践訓練も必要でしょう。

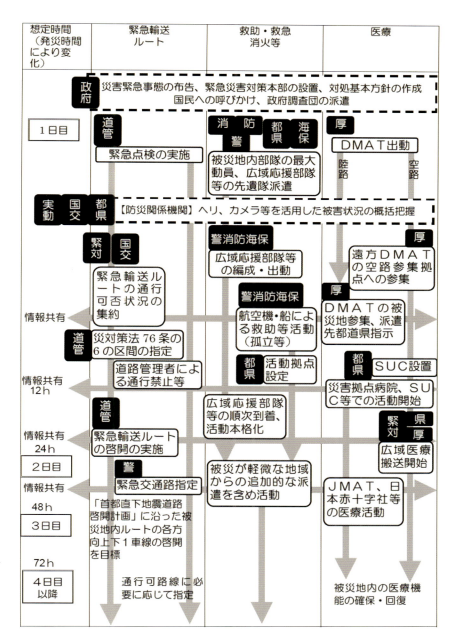

図4-5 首都直下地震における各活動の想定されるタイムライン(イメージ)

4章 市民のための災害情報インフラストラクチャー 145

## 2　東京都の防災

　都レベルの防災対策としては、2014年4月の首都直下地震等対処要領によれば、都の地域防災計画にしたがって、発災から72時間後までに、各機関（警察、消防、自衛隊、海上保安庁、国、都道府県、区市町村、ライフライン事業者）の円滑な連携の下に救出救助活動が展開できるよう主要道路の早期啓開をします。ライフラインの応急復旧、帰宅困難者の混乱防止などの対策を重層的に実施します。
　具体的には、以下のとおりです。

### 都職員の参集

　発災後30分以内に、約100人の災対職員住宅に入居する職員が都の防災センターに参集。「2時間マニュアル」に示されたとおりの情報収集と各機関への伝達と本部の立ち上げをします。同時に現地機動班に指定されている職員約4000人は、警察、消防、自衛隊などの救出救助活動拠点（公園、清掃工場、医療拠点）、災対本部となる区・市役所に参集し、都政のBCPマニュアルに従って行動します。

### 都の災害対策本部

　震度6弱以上で知事を本部長とする災害対策本部が設置されます。それまでに都防災センターに参集した要員は事前に示された各システムの立ち上げ、地震規模および被害予測の算出（DIS）、高所カメラ等による被害状態の収集を行います。Twitterによる情報発信と、収集、自衛隊への派遣要請準備、知事等への状況報告、第1回災害対策本部会議の開催準備をします。

### 各部門、各チームの情報収集

　情報収集は原則、地震防災情報システム（DIS）、または、ファクシミリ等によります。区市町村、警察庁、および東京消防庁からの情報収集を行います。各部門、チームは収集した情報と適宜DIS上の地図に更新し、各機関と情報共有を行います。
　発生直後から、都職員や協力事業者は、総務局および建設局のもと、道路

被害情報の収集を行い、災害対策本部内に道路調整チーム（警察庁、東京消防庁、陸上自衛隊、災害拠点病院）を設置し、図4-6に従って八方向作戦を推進します。

八方向作戦では、都心23区内で震度6弱以上の地震が発生した場合に各方面からのアクセスが可能となるよう、放射方向の道路を活用し、都心に向けた八方向ごとに優先啓開ルートを設定して、郊外から一斉に進行する作戦で道路啓開を実施します。各道路管理者が連携・協力のもと、高速道路、国道、都道の被災が少ない区間を交互に利用することにより、少なくとも都心へ向かう1車線及び都心から郊外へ向かう1車線（合計2車線）を緊急に確保することで、より短時間で必要な路線を啓開できるようにしています。八方向作戦では、道路啓開がその後の消火活動や救命・救助活動、緊急物資の輸送等を支えるとともに、人名救助の72時間の壁を意識しつつ、発災後48時間以内に各方向から最低1ルートは道路啓開を完了することを目標とします。

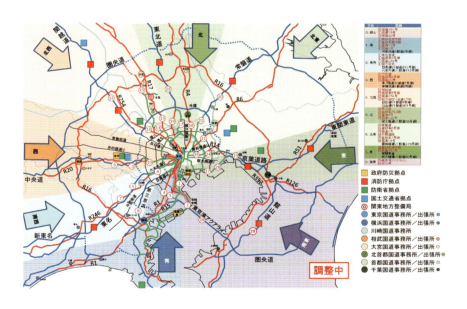

図4-6　直轄国道における八方向作戦の具体化(案)[4]

## 全国的な救出救助機関等への応援要請

　首都直下地震の発生時には、直ちに広域応援の準備を進められるよう、都本部は、本部長の了承のうえ、陸上自衛隊第1師団、総務省消防庁および第三管区海上保安本部（東京海上保安部経由）に対し応援要請を行います。全国の警察への応援要請は東京都公安委員会から都府県公安委員会に行います。

　都本部は、内閣府（防災担当）に対し、政府が設置する緊急災害対策本部及び緊急災害現地対策本部との連絡調整体制の確認を行うとともに、災害救助法の適用予定を伝達します。

　都本部は、東京都防災センターのほか、都庁舎内に政府の緊急災害現地対策本部連絡要員等の活動スペースを確保します。都本部と国との連絡調整については、政府の緊急災害現地対策本部連絡要員を通じて行うことを基本とします。

図4-7　応援部隊進入経路および部隊規模[5]

災害時相互応援協定に基づき人的・物的支援を受けるため、九都県市、関西広域連合、全国知事会等に対し応援要請を行います（図4-7）。

在日米軍からの支援を必要とする場合、支援の種類・規模・内容・活動場所等を調整のうえ、国を通じて要請します。

## 都民への呼びかけ・情報提供

東京都防災センターにおいて、震度情報、高所カメラ、ヘリテレ映像等から把握して被害状況を本部長に報告した後、発災時の混乱を避けるため、報道機関に対し速やかに知事コメントを発出し、テレビ・ラジオ等を通じて都民へ呼び掛けをします。

## 東京都災害対策本部会議の開催

各機関が実施する応急対策全体の活動方針を決定するため、東京都防災センターにおいて、発災約2時間後を目途に第1回東京都災害対策本部会議を開催します。

会議においては、大規模な火災・人的被害・建物被害・ライフライン等被害の発生状況を確認します。さらに都各局・区市町村・警察・消防・自衛隊の態勢と活動状況等について情報共有を行ったうえで、当面（72時間）の救出救助活動等の応急対策方針を決定します。

## 大規模救出救助活動拠点の立ち上げ

警察・消防・自衛隊・海上保安庁等の救出救助機関が、都内で救出救助活動を円滑に展開できるようにするため、ベースキャンプ・ヘリコプターの離着陸スペース・集結拠点等となる大規模救出活動拠点について、現在、立川地域防災センターのほか、11ヵ所の都立公園と21ヵ所の清掃工場を指定しています（図4-8）。

都本部と区市町村の災害対策本部は協力して、ヘリコプター緊急離着陸場・防災船着場・都外からの広域応援部隊のベースキャンプ基地等の確保に努めます。

また、活動拠点の指定数や、地域偏在といった課題を解消するため、区部、

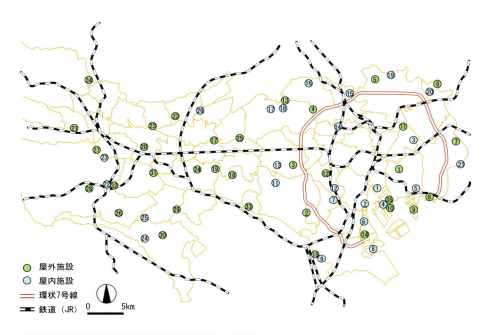

| 屋外施設 | | | | 屋内施設 | | | |
|---|---|---|---|---|---|---|---|
| No. | 候補地名所 | No. | 候補地名所 | No. | 候補地名所 | No. | 候補地名所 |
| 1 | 都立木場公園 | 17 | 都立小金井公園 | 1 | 中央清掃工場 | 17 | 練馬清掃工場 |
| 2 | 都立駒沢オリンピック公園 | 18 | 都立神代植物園 | 2 | 港清掃工場 | 18 | 光が丘清掃工場 |
| 3 | 都立和田堀公園 | 19 | 都立武蔵野の森公園 | 3 | 墨田清掃工場 | 19 | 足立清掃工場 |
| 4 | 都立城北中央公園 | 20 | 都立地域防災センター | 4 | 有明清掃工場 | 20 | 葛飾清掃工場 |
| 5 | 都立舎人公園 | 21 | 都立秋留台公園 | 5 | 新江東清掃工場 | 21 | 江戸川清掃工場 |
| 6 | 都立水元公園 | 22 | 都立東村山中央公園 | 6 | 品川清掃工場 | 22 | 北野清掃工場 |
| 7 | 都立箱崎公園 | 23 | 都立東大和南公園 | 7 | 目黒清掃工場 | 23 | 昭島市清掃センター |
| 8 | 都立葛西臨海公園 | 24 | 都立府中の森公園 | 8 | 大田清掃工場 | 24 | 町田リサイクル文化センター |
| 9 | 若洲ゴルフリンクス | 25 | 都立武蔵野中央 | 9 | 多摩川清掃工場 | 25 | 多摩清掃工場 |
| 10 | 東京ビックサイト | 26 | 八王子市立上柚木公園 | 10 | 世田谷清掃工場 | 26 | 柳泉園クリーンポート |
| 11 | 白鬚東地区及び汐入公園 | 27 | 八王子市立滝が原運動場 | 11 | 千歳清掃工場 | | |
| 12 | 都立代々木公園 | 28 | 八王子市立富士森公園 | 12 | 渋谷清掃工場 | | |
| 13 | 都立光が丘公園 | 29 | 多摩市陸上競技場 | 13 | 杉並清掃工場 | | |
| 14 | 都立大井ふ頭中央海浜公園 | 30 | 町田市立野津田公園 | 14 | 豊島清掃工場 | | |
| 15 | ガス橋緑地少年野球場 | 31 | 日野市多摩川グラウンド | 15 | 北清掃工場 | | |
| 16 | 都立砧公園 | 32 | 青梅市市民球技場 | 16 | 板橋清掃工場 | | |

図4-8　大規模救出救助活動拠点（候補地）[6]

多摩地域において大きな被害が想定される地域に近接し、大型ヘリコプターの臨時離着陸スペースおよび広域応援部隊の活動スペースとして、1.5ha以上の活動面積の確保が可能な大規模都立公園や河川敷、車両スペースの確保が可能な清掃工場等について、屋外施設として20ヵ所、屋内施設として5ヵ所を、活動拠点候補地として新たに位置づけていきます。

## 区市町村の災害対策本部との連携対応

　被災した区市町村との連絡調整については、DIS、テレビ会議システム、ファクシミリ等を活用します。また、災害対策本部が立ち上がる区市町村には、情報連絡員として現地機動班を派遣します。さらに被害が甚大な地域については、職員派遣の増員を行います。

　情報連絡員として区市町村に派遣された現地機動班（以下「情報連絡員」という）は、当該区市町村の被害状況の把握および支援要請事項についての都本部（区市町村調整部門）への伝達とともに、都本部からの情報伝達等を行います。

　情報連絡員は、都本部との連絡調整が必要な事項に関して、各機関から区市町村の災害対策本部に派遣されている連絡員と連携して情報共有および調整を行います。

# 4-3　災害情報インフラストラクチャー

　ここ十年余のICT（Information and Communication Technology：情報通信技術）の発展はめざましく、通信インフラネットワークの発達のみならずコンピュータの情報処理能力の向上、携帯電話・スマートフォンの普及と併せて、社会・産業・個人のライフスタイルまで、あらゆる領域に大きな変化をもたらしています。大量のデータを高速に送受信し、また処理を行うことが可能になり、平常時の業務はもちろんのこと、非常時の都市防災に活用する取組みも始まっています。

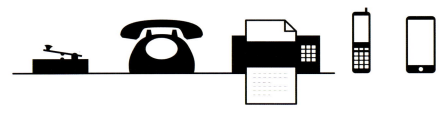

図4-9　電話端末の発展イメージ

## 1　国レベルの災害情報

　災害が発生した際、総理大臣官邸をはじめとした中央省庁・都道府県・地方自治体などの防災関係機関を結び、人命に関わる通信や被害状況・対応状況などの集約と共有を行うためのインフラが防災無線システムです。これは地上マイクロ無線回線・衛星通信回線・有線回線など各種の通信設備によって構築される通信ネットワークの総体で、内閣府が中心となって整備しています。

　防災無線システムは国、都道府県および市町村の各階層（図4-10）から構成されており、内閣府を中心として中央省庁等の間を結ぶ中央防災無線、消防庁と都道府県を結ぶ消防防災無線、都道府県庁と市町村役場・県出先機関・防災関係機関などの間を結ぶ都道府県防災行政無線により情報の収集・伝達を行います。通信回線には複数の方式と経路により冗長性を持たせ、バッテリーや予備発電装置などによる電源供給機能を備えており、大規模災害で公衆通信網の途絶が発生した場合や、商用電源の停電などで商用電源が供給さ

れなくなった場合にも通信機能を確保し、政府の防災中枢部の情報通信機能の継続性を確保する構成になっています。

避難情報など住民に向けた最終的な情報提供は、市町村防災行政無線により屋外スピーカーや受信機で地域住民に放送される形態になっていますが、今後は有事や大規模災害に備えてデジタル化が推進され、全国瞬時警報システム（通称：J-ALERT）として整備が始まっています。

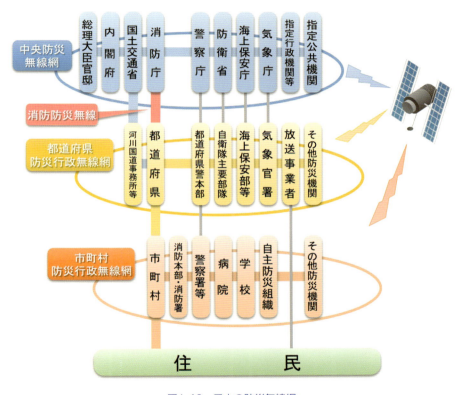

図4-10　日本の防災無線網

## ①全国瞬時警報システム（J-ALERT）とは

　J-ALERTは通信衛星と市町村の同報系防災行政無線や有線放送電話を利用して、緊急情報を住民へ瞬時に伝達するシステムです。2004年度から総務省消防庁が開発および整備を進めており、実証実験を経て2007年2月から運用が始まっています。このシステムの導入により、住民の早期避難など予防措置を可能にするだけでなく、地方公共団体の危機管理能力の向上にもつながると期待されています。

　伝達される緊急情報には、弾道ミサイル情報などの武力攻撃に関して内閣官房の発表する「国民保護に関する情報」と、津波警報や緊急地震速報など大規模な被害が想定される場合に気象庁が発表する「自然災害に関する情報」の2種類があります。こうした緊急情報は、通信衛星を用いて地方自治体の受信機に瞬時に配信され、受信した自治体の人手を介さずに防災無線やサイレンを自動起動し、住民等に災害情報や避難情報を伝達されます（図4-11）。

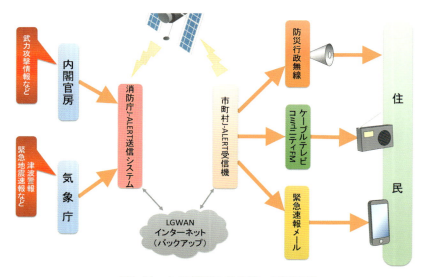

図4-11　J-ALERTから住民への伝達経路

## ②L-ALERT

　L-ALERTは総務省が普及を促進している情報基盤で、安心・安全に関わる

公的情報など、住民が必要とする情報が迅速かつ正確に住民に伝えられることを目的としています。自治体等が発した情報を集約し、テレビやネット等の多様なメディアを通して住民に災害情報を一括配信する災害情報共有システムで、防災基本計画にも活用が位置づけられています。

2011年6月に公共情報コモンズとして運用を開始し、2016年6月にはサービス利用者が1,000団体を突破、全国40都道府県が情報発信者として運用を開始し、情報伝達者は600団体を超えています。総務省では全都道府県運用を目指すとともに、交通、電力、ガス、通信等のライフライン復旧情報等も含めた災害関連情報の内容を拡充や、サイネージやカーナビ等の新しいメディアとの連携も推進しています。

### ③総合防災情報システム（DIS, RAS, PF）

防災情報に関する先進的な取り組みとして、「地震防災情報システム（DIS：Disaster Information Systems）」、「人工衛星等を活用した被害早期把握システム（RAS：Real damage Analysis System by artificial satellite）」、「防災情報共有プラットフォーム（PF）」などの防災情報システムが試験されてきましたが、これらを統合して共通の地図に集約し、防災関係機関の間で共有するためのシステムが「総合防災情報システム」で、2011年から試験運用が始まっています。

総合防災情報システムには地理情報システム（GIS：Geographic Information System）を活用して地理、道路、行政機関、防災施設などに関する情報があらかじめ防災情報データベースとして登録してあり、震度4以上の地震が発生すると10分程度で震度分布、建築物の被害や死傷者数の推計を行います。さらに中央防災無線網を通じて被災状況、衛星写真、気象情報、電力・ガスなどのライフライン、道路・河川情報などを地図上で視覚的に表示しながら、防災関係機関の相互の情報共有を行います。これにより災害対策に求められる各種の分析や発災後の被害情報の管理を行うことが可能になり、事前対策、応急対策、復旧・復興対策の各段階に応じて、情報の統合的な活用による各種震災対策の充実が可能となります。

## 2 地方自治体・通信事業者レベルの災害情報

　地方公共団体ではこれまで市町村防災行政無線の屋外スピーカーによる情報伝達を行ってきましたが、聞き手が屋内にいる場合や豪雨時・強風時などには情報が的確に伝達されないおそれがあることから、携帯電話等へのメール配信やCATV網を使用した伝達、ワンセグ放送を通じた伝達など他の伝達経路の併用による情報伝達体制の強化が課題となっています。

　熊本地震でも停電などの影響で、携帯電話が利用できない状況が続きました。こうした中、民間企業が公衆無線LAN（Wi-Fi）を無料で開放したり、IT各社が安否確認や避難所の情報を無料で提供したりする動きがありました。NTTドコモ、KDDI、ソフトバンクの3社は、契約していない人にも、熊本県内のコンビニや駅などに設置しているWi-Fiを開放し、避難所となっている小学校などにも臨時で設置しています。

　また、携帯電話からインターネットで安否情報を登録したり、確認したりできる「災害用伝言板サービス」を運用、NHKとNTTでは、ウェブページ上から各社の安否情報を統合して検索できるJ-ampiを運用するなど、通信網の不安定ななかでも使うことのできるサービスが導入されています。

## 3 民間の災害情報

　民間企業による災害情報発信も多様な広がりを見せています。フェイスブックは、熊本地震で安否情報を確認できる「災害時情報センター」を立ち上げました。災害が発生すると、被災地に住所登録している人を対象に安否を確認する案内が自動で送られ、受け取った人が「自分の無事を報告」というボタンを押すと、知り合いに無事を知らせる通知が一斉に送られる仕組みです。このサービスは東日本大震災をきっかけに開発され、フランスのパリ同時テロ事件でも活用されました。

　グーグルは、インターネット上で安否を登録したり、確認したりできる「パーソンファインダー」を開設しました。また、行政や報道機関の情報を地元団体まとめ、グーグルマップ上にスーパーの営業情報、炊き出しや支援物資の集積拠点、給水所、避難所情報、自動車が通行できた場所などの情報を提供しています（図4-12）。被災直後のライフラインの状況は、頻繁に変化して

いる可能性があり、常に更新され最新の情報を得ることの出来るネットメディアはこれから更に重要となってきています。

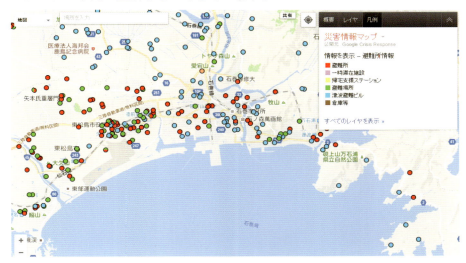

図4-12　googleの提供する災害情報マップ

## 4　コミュニティ・個人レベルの災害情報

　携帯電話が普及した結果、SNSや電子メールによる個人間の安否確認は比較的有効でしたが、通話によって携帯電話網に輻輳が発生しました。災害時優先回線である一方で数が減らされつつある公衆電話に長蛇の列が発生するなど、従来の通話によるコミュニケーションの進歩は頭打ちの様相となっています。

　一方で、多くの企業が今回の一連の地震で初めての取り組みを行ったり、水や食料の配給場所、スーパーやコンビニ、ガソリンスタンドの開店情報などを、地元の人たちや被災者がSNSで積極的に発信しています。被災者にとっては、行政、企業、SNSと情報の入手先が広がっていくことによって、どこで最新の正しい情報を入手できるのかわかりにくくなるのではないかという懸念もあります。

　災害時におけるインターネットの利活用については、従来同様通信の途絶の課題のほか、誰からでも情報発信が可能であることから、誤った情報が拡

散される恐れもあり、正しい情報を選別する情報リテラシーを身に付ける必要があります。また、スマートフォンなどのインターフェイスを使えない人との情報格差が発生する問題があり、ユニバーサルデザイン化も課題となっています。街頭や駅構内をはじめとして、デジタルサイネージが多く見られるようになった昨今（写真4-2）、それを災害時に利用する取り組みも始められています。

写真4-2　デジタルサイネージ

## 4-4　自衛隊の災害救助

### 1　はじめに

　1995年の阪神淡路大震災や2011年の東日本大震災で、自衛隊による人名救助・救出の活動はめざましく、その存在感を全国的に示しました。では、首都であることに加えて災害規模の巨大な首都直下地震の場合、国防第一としての限りある自衛隊に都民がどれほどの期待を寄せることが可能でしょうか。この点について情報共有をしておくことが極めて大切なことであると考えました。

　2014年8月公表の防衛省資料「首都直下地震への対応における課題」でもこの点が心配されていることを考え、現場での生々しい声を聴き取り、本書

に収録することにしました。しかし、ここでの発言は、あくまで、非公式見解であることを記しておきます。

　2015年と2016年に開催された自衛隊主催の訓練に参加した経験、および都や国の資料を参考にして、2016年7月に朝霧キャンプを訪ねて座談会を行いました。参加者は、自衛隊より5人、私（尾島）の研究室より4人で、自由に発言していただき、文責は私がもつことで、以下のようにまとめました。

## 2　東京安全研究所主催「東京の安全安心に関する新都市インフラ」に関する座談会

日時　　2016年7月20日（水）10時〜12時
場所　　陸上自衛隊東部方面総監部　2F　会議室
発言者　A　司会　尾島俊雄（早稲田大学名誉教授）
　　　　B　陸上自衛隊　陸上自衛隊東部方面総監部
　　　　　　防衛部長　武田敏裕
　　　　　　防衛課長　弥頭親善
　　　　　　資料課長　馬淵貴史
　　　　　　後方運用課長　藤島明宏
　　　　　　（東部方面総監部防衛部防衛課運用班長、航空班長、通信班長、法務幹部、第一師団司令部第三部長）
　　　　C　早稲田大学東京安全研究所
　　　　　　濱田 政則（早稲田大学名誉教授）
　　　　　　中嶋 浩三（早稲田大学理工学研究所　招聘研究員）
　　　　　　渋田 玲（早稲田大学理工学研究所　招聘研究員）
　　　　　　香取 直紀（東京都隊友会参与、元東京都隊友会監事）

A：「座談会」にあたって、防衛省資料「首都直下地震への対応における課題」で心配されている点を中心に、阪神淡路大震災（1995年）と東日本大震災（2011年）での自衛隊の救助活動能力を考えながら、人命救助と遺体

収容・搬送、その他の自衛隊の役割、要望などについてお話をうかがいたい。

　首都直下地震（冬の夕方の最悪時）を想定した際、2016年3月に中央防災会議が発表した1都3県以外からの広域応援部隊の規模は、北部方面隊15,000人、東北方面隊11,000人、東部方面隊15,000人、中部方面隊17,000人、西部方面隊14,500人、他34,000人となっているが、各方面隊についてタイムラインによる動員力について教えていただきたい。

　具体的には、72時間で自衛隊各方面隊から11万人が派遣されるとして、実態はどう集まるのか。災害時の公助としての自衛隊の限界を示しておいた方がよいのではないか。

B：首都直下地震発災の際は、近隣1都10県から22,000人が即派遣可能。それぞれ派遣の計画は準備されている。北海道や九州など遠方からの増援は時間がかかるが、検証は行っている。当時の交通機関の状況によるが陸上、海上、航空の最速の手段で集中し、時定も行っている。

　民間会社やNEXCOとも連携して交通を確保する。なお、予備手段も持っているが、交通遮断等により計画どおりとはならないことも考えられ、72時間以内で到着できるかは当時の状況による（図4-13、14参照）。

A：たとえば関西方面からの増援について、消防400人に対して自衛隊中部方面隊17,000人等、過大な数字が一人歩きして過信されてしまわないか。600ヵ所で火災が発生する想定があり、消防は火災対応にかかりきりになり、救助は自衛隊頼みになる（図4-15に48時間の消失状況を示す）。

B：東北方面隊、中部方面隊は地続きであることから24時間以内に増援する。北海道・九州の部隊はさらに時間はかかる。

B：発災後の東京への増援にかかる時間は、道路混雑・被災状況により変わるが、関東圏以外に被害がなければ、ある程度のタイムラインはひける。関東圏はすぐに集まる。

A：建物倒壊・焼失61万棟、死者23,000人、負傷者123,000人（重傷者24,000人）の予測（図4-16）は、消防・警察では全く不足であるが、自衛隊はどの程度支援できるのか。特に火災や倒壊による重傷者・避難者・死者が多く、

2〜3日間では全く手が付けられない状況と思われるが、その対策について検討されているか（前災害と比べ、ケタ違いの数量だけに、プライオリティ・トリアージ的発想はあるか）。

B： 自衛隊は前線での人命救助のイメージがあるが、11万人という数字は後方支援や司令部も含めた全体としての数であり、第一線の現場の実動人数としてはそれより少なくなる。

　　このため、自衛隊にしかできないことに優先して集中して運用する。自衛隊は航空機や後方支援等を自前で所有し、展開することが可能。たとえば南海トラフでは孤立者の救助・支援などを優先することになる。

A： 災害時には防衛省の無線が重要になる。民間・市町村に対しても情報提供が必要であり、J-ALERT等に対して防衛省の情報提供がどう使われるか。

C： 発災直後の情報では、阪神大震災では1時間後に死者4名、熊本地震では日没まで死者9名と報道されており、実態と大幅に異なる。どういうことが起こったか空からの情報を集める自衛隊の役割は大きい。山間地等の情報をどう得て集約するか、自衛隊がリーダーシップを取るべき。熊本の崩落箇所の調査の経路情報はどうだったか。

A： どこに危機があるか自衛隊内で共有されていても、現状では別機関を通してしか公表できない。現場でしか知り得ない情報を自衛隊からの情報として発信してほしい。

A： 八方向作戦と連携した道路啓開や拠点病院への道路整備の仕事について、自衛隊内外の役割分担はあるか。道路啓開や救助活動拠点の整備、重機斡旋の役務は自衛隊内の役割分担があるか。正確な情報、道路啓開など、自衛隊はどの程度支援できるのか。

B： 国の見積のうえで、どの地域にどの程度の部隊を投入するかは想定されている。

　　たとえば北海道の有珠山・洞爺湖では地域振興局が主催して防災訓練を企画し、そのなかで自衛隊が主導して消防・市町村を含めCPX（Command Post Exercise: 指揮所訓練）地図上の訓練を行い、役割分担と限界のシミュ

レーションをすることができた。

　自治体でリジッドな被害見積を出してくれれば、それに対して戦力配分が可能だが、なかなかできないのが実態だ。地域特性・被害を積み上げて対応を行うことが必要だが、そこまで実現していない。

B： 自治体との訓練などについては、そうした地域特性や被害を積み上げて訓練を行うことが必要であるため、自衛隊による主導は難しい。一部の自治体しか参加しないため、ニーズに応じた役割分担ができていない。発災当初は報道発表頼りとなり、部隊が展開してから情報交換を行う手順となる。

　平成27年9月関東・東北豪雨では、駆けつけた部隊が現場で情報収集し、自治体自体が水没して機能しないことを予想し、状況を把握した。72時間は人命救助、以降は生活支援を行った。どういう関係機関との連携が必要か調整機能が必要かは、訓練し具体化している。

A： DIS、J-ALERT、L-ALERT等について、自衛隊が独自に作成している運用事例や情報共有のあり方があれば教えていただきたい。また、どこが情報発信するのか、総監部か、師団司令部か。

B： J-ALERTは消防庁が構築し、政府として自治体に情報提供しているものと認識しており、自衛隊はハンドリングしていない。収集した情報は統合幕僚監部で集約し内閣府、各省庁に提供する。師団から直接部外に発信することはなく、自治体が各種情報を取りまとめ発信する。

B： DISについては情報を受け活用するが、こちらからの情報を反映することはない。被害全容の予測に使用。DISの内容をできる範囲で分析し、部隊へ情報提供している。

B： 情報は内閣府から市ヶ谷に伝わり、隊内にはそこから分配。DISの情報は、そういう意味では市ヶ谷が拠点と言える。

A： 災害発生時には内閣府・都・区・民間など個別に対策本部が作られるが、それぞれに対しどう共有するか

B： 災害発生時には各自治体に連絡員を派遣、必要に応じ現地調整所を設置し、情報交換をFace-to-Faceで実施する。熊本地震の場合は、津波・火

災は無いということを現地で共有した。上からの情報提供もあれば現地からの情報もある。

B：たとえば第1師団は1都4県の全市町村に対して中隊単位で担当を定め、連絡員を出せるようにしている。主要な市町村と23区には、1時間以内に差し出せるようにしている。初動対処部隊は、空振りであっても、市町村が機能していなくても駆けつける。

B：また、この初動対処部隊は、衛生科部隊や化学科部隊、さらには通信科部隊や航空科部隊等、さまざまな部隊で編成されている。

B：全国の陸上自衛隊が同様の初動態勢を保持しており、災害隊区等も定めている。

C：国土交通省の予測によれば、首都直下地震により油タンクが破壊され、大量の油が東京湾の航路に流出するとされている。国土交通省の見積りによれば油回収に長期間（2ヵ月）を要し、この間、東京湾の大型・中型船舶の海上交通は停止するとされている。発災後の緊急物資・人員の輸送に大きな支障が出ることが考えられるが、自衛隊としてこのような状況を想定しているのか。想定しているとすれば具体的な対応策としてどのようなことをお考えになっているか。

東京湾岸には5,000基もの油タンクが存在し、国交省の委員会では首都直下地震により100基近くが破壊され、東京湾に流出するとしている。流出した油は中ノ瀬航路に拡がり船舶航行不可となり、油回収に2ヵ月掛かると試算された。自衛隊として油の回収に役割はあるか。海上火災の想定をすると、消防の能力は限界。自衛隊の特殊消火で消せると聞いた。

B：海上自衛隊の艦艇は、自らのオイルが漏れた場合のオイルフェンスは装備しているが、展張しても長くて4km。コンビナート対応は想定していない。基本的には自己消火の能力しか無い。

C：民間のタンクは情報が公開されず、対策が手つかずである。

C：短期・長期の燃料の確保はされているか。また安全性の確保はどうか。

B：各駐屯地および補給処燃料支処に貯油タンクがある。

C：たとえば沖縄で沖縄石油が被災した際に自衛隊への供給に問題はないか。

B：基本的に当面の活動は自前の備蓄が有る。その後は企業等から融通する。陸自全体で調達することになっており、資源エネルギー庁とも連携して供給するよう、平素から調整を行っている。

A：原発事故は首都直下の場合影響が少ないと思われるが、250ｋｍ圏に近い浜岡や柏崎・東海原発との関連で、特別の対策や訓練を考えているか。
B：南海トラフの住民避難など、基本的には県等の避難計画に準じて対応する。関係機関と連携した訓練は、さらに充実させる必要があり、いくら行っても十分ということはない。

A：自衛隊の救助支援活動に当たって、特に障害になる事象について教えていただきたい。
B：地域や災害の特性により対応は変わる。さまざまな被害に対する手段をそれぞれ見積もっている。自治体等が保有する地域特性に係わる情報を具体的に提示していただくことが希望。たとえば豊島区では木造密集地区が多いなど、地域担任部隊や連絡員は地域特性を把握して対応できるよう訓練している。
A：自衛隊として地域特性を把握・公表は行っているか。
B：自衛隊として把握した情報は自治体に提供しており、自治体のハザードマップ等に反映している。
B：自治体ごとに被害見積をお願いしている。未整備の自治体もある。
A：清掃工場は避難所として使用されることもあるが、ヘリの離発着ほか自衛隊の活動に影響はないか。
B：清掃工場は警察が拠点として使うことはあるが、自衛隊では屋内拠点は考えていない。
B：自衛隊は自己完結性があるため、広場・公園など屋外で拠点を持つことが基本である（図4-17）。
A：予備自衛官25,000人の役割と所属について、具体的に教えていただきたい。またOBで隊友会に属している人たちの役割について教えていただきたい。消防団のような自治組織を強化する考えはあるか（たとえば隊友会

の支援等）。自衛隊OB、予備自衛官の利活用は？

C： 阪神淡路以降、地方自治体と隊友会の連携について調整したいと申し入れているが、地域協定を結んでいるところは60自治体程度。大阪府と大阪隊友会など防災協定を結んでいる例がある。また、防災担当として自衛隊OBを採用するなどしている。地域防災計画には現地在住OBからの情報提供・共有について反映してほしい。

A： OBと現職との情報交換を密にしてほしい。自治体と公式に隊友会を防災に活用する協定を結び、住民レベルの地域貢献としてはどうか。

B： 隊友会OBや地元OBとの接点はある。特に地方だと密接度は高く、そういった動きはある。一方で自治体の横の連携は十分であり、災害を契機に連携は進むが、誰が主体となってハンドリングしているか表に出てこない。

　　JXR（Joint eXercise Rescue: 自衛隊統合防災演習）や、自治体と自衛隊の勉強会はあり、一部では進んでいる。国として本格的にやる必要があると考えるが、自衛隊が主導することは難しい。

C： 防災の最大の目標は人命損失をいかに軽減するかである。最初にいかに情報収集し実態を把握し、初動体制を整備することが必要。

　　熊本、中越地震などでは災害関連死が多発している。震災による直接の被害以外で亡くなっていることがあっていいのか。内閣府をリーディングエージェンシーとして作ったが、現状では調整役にしかなっておらず、行政間の連携が十分とは言えない。

B： 今後、震源地やその深さなど発災直後からどれだけの情報が収集できるか。

　　中央防災会議では数パターンのシミュレーションが行われているが、きめ細やかな対応のためには市町村単位の被災情報に変換することが必要である。

A： 予定した60分を10分以上超過し、この間の有意義な情報交換に対し、心より敬意と感謝を申し上げます。最後に自衛隊が各自治体・各区のレベルまで1時間以内に連絡員を派遣し、Face-to-Faceに加えて自衛隊独自の

通信等を活用して、情報共有を行っていると聞いて、大変心強く感じました。

首都直下地震で一番恐ろしい事態は情報混乱であると考えていましたので、本日はこの点を確認できたことだけで、お訪ねした価値がありました。本当に有難うございました。今後とも宜しくお願いします。

表4-3　首都直下地震発災前後の行政と住民のタイムライン

| | 国、都、区、市 | | 自衛隊 | 住民 |
|---|---|---|---|---|
| 事前 | | ・災害対策基本法<br>・地域防災計画<br>・災害対策救助法<br>・内閣危機管理監 | ・防衛省<br>・東部方面総監部<br>（第一師団司令部）<br>・首都直下地震への対応における課題（平成24年8月） | ・首都直下地震対策特別措置法<br>・東京都配布資料の東京防災／防災MAP<br>・気象庁緊急速報<br>（震度5弱以上） |
| | TV・ラジオ　　M：7.5直下大地震発生　　緊急速報　　J－ALERT（図4-11） | | | |
| 30分 | 政府都（区市） | ・緊急災害対策本部（図4-4）<br>・災害対策本部開設<br>・米軍へ支援要請<br>・派遣要請<br>　（応急対策指令室）<br>・Twitterで情報発信 | ・情報収集開始<br>・DISで情報収集<br>・緊急出動準備 | ・建物倒壊（自助）<br>・死者、負傷者発生<br>・停電、電話他不能<br>・高層難民（情報遮断）<br>　　（図4-1 図4-12） |
| 1時間 | | ・被害状況確認<br>・DIS（情報共有）<br>・都職員、公園、清掃工場へ<br>・国交省関東地方整備局<br>・道路啓開出動<br>・帰宅困難者への情報発信 | ・都庁連絡室の設置<br>・ヘリコプター大規模災害<br>・DIS（情報共有）<br>・救助活動（初動）<br>・拠点確保 | ・火災発生<br>・焼死者、負傷者発生<br>・倒壊現場より搬送必要（自助）<br>・171-1（固定電話）安否 |
| 2〜3時間 | | ・第1回災害対策本部会議開催<br>・石災法、現地災害対策本部<br>・ヘリテレによる被害情報収集<br>・プレス発表（随時）<br>　　（図4-4） | ・方面総監部都庁現地要員の派遣開始<br>・石油コンビナート火災発生対策 | ・建物倒壊、救出<br>・一時避難所へ<br>・石油コンビナート近隣住民<br>・帰宅困難者発生<br>　　（図4-12） |

| | 国、都、区、市 | 自衛隊 | 住民 |
|---|---|---|---|
| 6時間 | ・第2回災害対策本部会議（以降随時）<br>・災害救助法の適用決定<br>・道路啓開実働による活動拠点<br>（図4-6） | ・都庁前に師団の前方指揮所開設<br>・ご遺体の収容、搬送<br>・孤立地の被災者救出<br>（図4-6 図4-7） | ・負傷者、火災死者と遺体搬送<br>・病院へ自助（トリアージ）<br>・帰宅困難者支援ステーション<br>（写真4-2 図4-15） |
| 12時間 | ・八方向作戦進行<br>・病院への啓開道路<br>・海外からの支援打診調整（国を通して）（図4-7） | ・全国からの部隊受け入れ<br>・道路啓開、重機斡旋、負傷者搬送<br>（図4-14 図4-17） | ・病院へ自助、共助（トリアージ）<br>（図4-15） |
| 24時間 | ・応援部隊の受入開始<br>・東京DMATの編成、出動（災害派遣医療チーム）<br>（図4-14） | ・全国から支援部隊到着（5000人）<br>・車両、航空機による広域医療搬送<br>（図4-13 図4-14 図4-17） | ・被災者相談窓口<br>・負傷者の医療支援<br><br>自力脱出困難者<br>〈58,000人〉<br>（図4-13） |
| 72時間（3日目） | ・調達物資の受入<br>・応急危険度制定員 | ・資機材の不足補給〔11万人〕<br>（図4-14） | ・火災消火完了<br>・エレベーター回復<br>・自家発（BCP）（LCP）<br>〈123,000人〉<br>〔23,000人〕 |
| 72時間（3日目） | 余震発生 | | |
| 1週間 | ・義援金の支給（区・市・町・村） | ・浴室・衛生サービス | ・建物倒壊<br>・系統電力回復<br>・災害復旧開始 |
| 以降 | ・応急施設住宅への募集<br>・中小企業者への融資 | ・災害復旧支援 | ・復旧復興努力 |

〔累積最大動員隊員数〕〈累積最大負傷者・予測〉〔累積最大死者予測〕

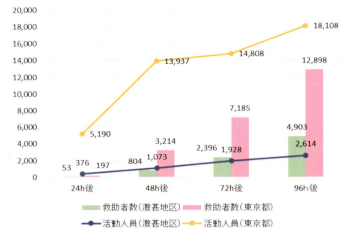

図4-13 部隊の進出状況(27JXR) 活動人員及び救助者数の推移[9]

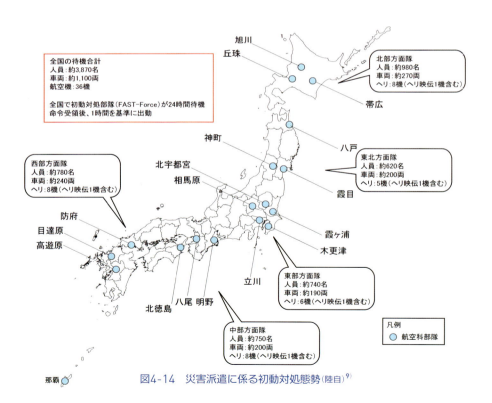

図4-14 災害派遣に係る初動対処態勢(陸自)[9]

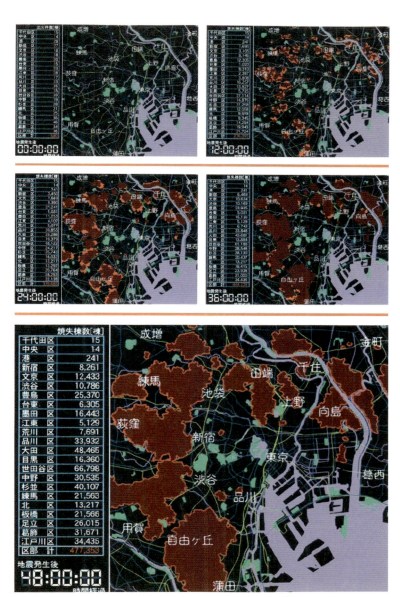

図4-15 火災延焼シミュレーション[10]

東京防災会議平成3年のシミュレーション

(設定条件関東大震災規模/冬夕方6時発生)

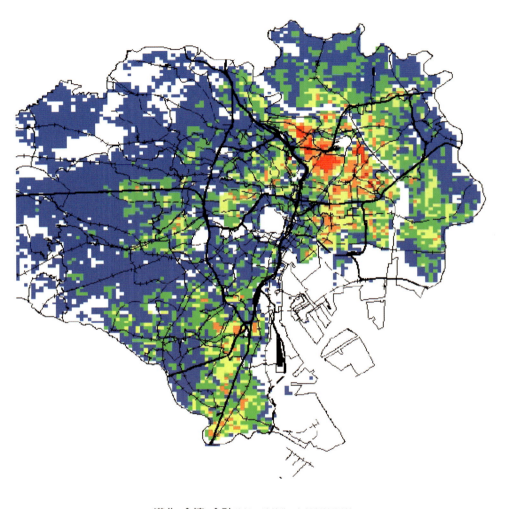

図4-16 東京湾北部地震による木造全壊建物棟数の分布[8]

| | | | |
|---|---|---|---|
| 1 | 都立木場公園 | 18 | 都立神代植物公園 |
| 2 | 都立駒沢オリンピック公園 | 19 | 都立武蔵の森公園 |
| 3 | 都立和田堀公園 | 20 | 立川地域防災センター |
| 4 | 都立城北中央公園 | 21 | 都立秋留代公園 |
| 5 | 都立舎人公園 | 22 | 都立東村山中央公園 |
| 6 | 都立水元公園 | 23 | 都立東大和南公園 |
| 7 | 都立箱崎公園 | 24 | 都立府中の森公園 |
| 8 | 都立葛西臨海公園 | 25 | 都立武蔵野中央公園 |
| 9 | 若洲ゴルフリンクス | 26 | 八王子市立上柚木公園 |
| 10 | 東京ビックサイト | 27 | 八王子市滝ヶ原運動場 |
| 11 | 白鬚東地区及び汐入公園 | 28 | 八王子市立冨士森公園 |
| 12 | 都立代々木公園 | 29 | 多摩市立陸上競技場 |
| 13 | 都立光が丘公園 | 30 | 町田市立野津田公園 |
| 14 | 都立大井ふ頭中央海浜公園 | 31 | 日野市多摩川グランド |
| 15 | ガス橋緑地少年野球場 | 32 | 北野高度処理施設用地 |
| 16 | 都立砧公園 | 33 | 多摩川緑地公園グランド |
| 17 | 都立小金井公園 | 34 | 青梅スタジアム |

■：都が指定（公示）済の候補地
■：都が新たに追加指定（公示）予定の候補地
赤字：新規の予定候補地

図4-17　大規模救出活動拠点（屋外施設のみ）[9]

## 3　市民の救出救助にあたって

　東日本大震災では津波による死者（溺死）が多く、阪神淡路大震災では建物倒壊・圧死、負傷者が多く出ました。首都直下地震は阪神淡路大震災型の被害が想定され、建物倒壊による大量負傷者が発生し、病院への搬送が多くなること、火災による死者や負傷者も12時間後から大量発生する可能性が大きいと考えられます。首都直下地震における自衛隊の対処勢力は、東日本大震災におけるそれとほぼ同等でありながら、約6倍の被災者および約15倍の避難者への対処所要が想定されています（図4-18）。

　したがって、自衛隊の主要任務となる救出救助だけでなく、遺体の収容搬送量が予測を超える可能性も大きくなると思われます。そこで各部隊の時間別分担をお聞きしました。

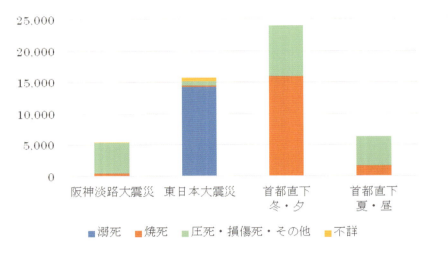

図4-18 各震災における死因の内訳[10]

①東日本大震災においては、1日最大派遣人員10.7万名で対処に当たったが、首都直下地震発災時には、対処が増大するからといって、同じ割合で派遣人員を増大させることは困難である。
②人名救助や障害物の除去といった、首都直下地震による被害への一時的な対応に加え、首都機能の維持および回復に努める必要があるところ、人命救助に優先的に対応するなかで、自衛隊の活動の効率化および他機関との連携が必要である。

自衛隊の対処勢力には、限界があり、関係機関・自治体との連携、住民の皆様の自助・共助が極めて重要であることが分かりました。

## 参考文献・引用文献

1) 中央防災会議「首都直下地震の被害想定と対策について（最終報告）」別添資料1、1頁、2014年12月
2) 千葉市消防局より提供
3) 首相官邸国家安全保障会議の創設に関する有識者会議（第2回会合）資料2「我が国の機器管理について」2014年3月13日
4) 国土交通省関東地域整備局「首都直下地震道路啓開計画検討協議会」（第3回）資料1「各道路管理者の道路啓開の考え方と八方向作戦について」2104年10月21日
5) 東京都総務局「首都直下地震等対処要領（改定版）」3章52頁、2016年3月
6) 同上57頁
7) 尾島俊雄監修『都市居住環境の再生―首都東京のパラダイム・シフト』彰国社、1990年3月、24頁
8) 東京都「首都直下地震等による東京の被害想定」1章1～35頁、2012年4月18日
9) 陸上自衛隊東部方面隊「平成27年災害対処関係機関連絡会議」
10) 厚生労働省「人口動態統計からみた阪神・淡路大震災による死亡の状況」1頁、1995年、警視庁「平成24年警察白書、東日本大震災による死者の死因等について」2012年3月11日現在、中央防災会議「首都直下地震の被害想定と対策について（最終報告）」別添資料1、6頁、2014年12月

## 編著者紹介・執筆担当章

### 尾島俊雄（おじまとしお）
はじめに、第3章、第4章

早稲田大学名誉教授、（一社）都市環境エネルギー協会会長、（一財）建築保全センター理事長（現職）、東京大学客員教授、日本建築学会長、早稲田大学理工学部長、日本学術会議会員などを歴任。2008年日本建築学会大賞受賞。著書：『この都市のまほろば』vol.1〜7（中央公論新社）、『ヒートアイランド』（東洋経済新報社）、『都市環境学へ』（鹿島出版会）他多数。

### 中嶋浩三（なかじまこうぞう）
第1章、第2章

1969年早稲田大学大学院修了。1968年日本環境技研（株）入社、1996年まで代表取締役社長、後同社顧問。2012年まで早稲田大学理工学研究所客員講師、招聘研究員。大阪大学、神戸大学非常勤講師等を歴任。主な業務に、EXPO70,75,85,90、多摩、筑波、MM21等新都市インフラ計画・設計。著書：熱供給事業総刊、地域冷暖房技術手引書等多数。

### 市川 徹（いちかわとおる）
第2章

1980年早稲田大学大学院博士前期課程修了、東京ガス株式会社入社。1985年カリフォルニア大学バークレー校にて都市計画修士取得。東京ガス首都圏室・エネルギー企画部等で都市エネルギーシステムの企画・調査研究に従事。1992年早稲田大学より博士（工学）授与。2009年〜上智大学非常勤講師。2013年〜早稲田大学理工学術院客員准教授。

### 渋田 玲（しぶたれい）
第4章

1975年東京生まれ。2000年早稲田大学理工学部建築学科修士課程修了。2003年より早稲田大学総合研究機構助手。岐阜県WABOT-HOUSE研究所、完全リサイクル住宅他に携わる。2009年（株）ジェスプロジェクトルーム入社。2013年（株）A.I.S.取締役。

### 堀 英祐（ほりえいすけ）
第1章

1980年佐賀県生まれ。2004年早稲田大学理工学部建築学科卒業。2007年同大学大学院修士課程修了。2007〜2009年同大学大学院博士後期課程（単位取得退学）。2009〜2012年同大学理工学術院助手。2012〜2016年同大学理工学術院助教。2009年〜Eurekaパートナー、2016年〜近畿大学産業理工学部特任講師。2014年日本建築家協会東海住宅建築賞大賞、2016年日本建築学会作品選集新人賞を受賞。

### 松本美怜（まつもとみさと）
第3章

1983年東京都生まれ。2007年早稲田大学理工学部建築学科卒業。在学中、尾島俊雄研究室にて「風の道」について研究する。2009年株式会社ジェスプロジェクトルーム入社、NPOアジア都市環境学会研究員兼務。富山県滑川市まちづくり計画、都心のヒートアイランド対策「風の道」について実験・研究を行う。

---

東京安全研究所・
都市の安全と環境シリーズ

## 東京新創造
災害に強く環境にやさしい都市

2017年1月25日　初版第1刷発行

編者　尾島俊雄
デザイン　坂野公一（welle design）
発行者　島田陽一
発行所　株式会社早稲田大学出版部
　　　　〒169-0051 東京都新宿区西早稲田1-9-12
　　　　TEL 03-3203-1551
　　　　http://www.waseda-up.co.jp
印刷製本　シナノ印刷株式会社

©Toshio Ojima 2017 Printed in Japan
ISBN978-4-657-16018-8

# 「都市の安全と環境シリーズ」ラインアップ

◉ 第1巻
## 東京新創造
——災害に強く環境にやさしい都市（尾島俊雄 編）

◉ 第2巻
## 都市臨海地域のリスク
——地震・津波・液状化の影響（濱田政則 編）

◉ 第3巻
## 超高層建築と地下街の安全
——人と街を守る最新技術（尾島俊雄 編）

◉ 第4巻
## 防災バリアフリー・木造防災都市
（長谷見雄二 編）

◉ 第5巻
## 絶対倒れない建築物を造る
（秋山充良 編）

◉ 第6巻
## 首都直下地震の経済損失
（福島淑彦 編）

◉ 第7巻
## 建築物を耐震性で評価する
（高口洋人 編）

◉ 第8巻
## 都市臨海地域の強靭化
（濱田政則 編）

◉ 第9巻
## 首都直下地震時の避難と仮設住宅
（伊藤 滋 編）

各巻定価＝本体1500円＋税
株式会社早稲田大学出版部